海南桑树害虫识别及其防治图谱

◎ 卢芙萍　王树昌　主编

中国农业科学技术出版社

图书在版编目（CIP）数据

海南桑树害虫识别及其防治图谱 / 卢芙萍，王树昌主编. —北京：中国农业
科学技术出版社，2019. 11
ISBN 978-7-5116-4499-2

Ⅰ. ①海… Ⅱ. ①卢… ②王… Ⅲ. ①桑树—植物害虫—识别—海南—图谱
②桑树—植物害虫—防治—海南—图谱 Ⅳ. ①S888.7-64

中国版本图书馆 CIP 数据核字（2019）第 256078 号

责任编辑	崔改泵　李　华
责任校对	贾海霞

出 版 者	中国农业科学技术出版社
	北京市中关村南大街12号　　邮编：100081
电　　话	（010）82109708（编辑室）　（010）82109702（发行部）
	（010）82109709（读者服务部）
传　　真	（010）82106650
网　　址	http://www.castp.cn
经 销 者	各地新华书店
印 刷 者	北京建宏印刷有限公司
开　　本	710mm×1 000mm　1/16
印　　张	9
字　　数	157千字
版　　次	2019年11月第1版　　2019年11月第1次印刷
定　　价	89.00元

《海南桑树害虫识别及其防治图谱》
编 委 会

内容提要

　　本书系统介绍了海南桑树害虫和害螨共61种，隶属6目28科58属。对每种害虫均具体介绍其分类地位、拉丁学名、寄主及分布、为害特点、形态特征、生活习性和防治方法。书中共配有田间和室内拍摄的彩色图片193幅，便于读者对照鉴别。

　　本书可供相关领域的研究人员、大专院校师生、从事桑蚕产业研究的科研人员、技术推广人员、生产人员及广大种植户参考。

前　言

　　蚕桑产业是当今低碳绿色可持续发展的特色民生产业，是传承中国悠久历史文化的传统产业，我们祖先开辟的"丝绸之路"也一直是中国联系世界的重要桥梁和纽带。近年来，随着医养结合、药食同源的桑蚕加工品备受国内外市场青睐，我国的蚕桑产业也正加速从传统的"一粒茧""一根丝"向"一片桑园""一系列资源"多元化发展模式跨越。向仲怀院士提出蚕桑产业未来的发展方向是"立桑为业、拓展提升"，即以桑树为核心，发展生态桑产业，把桑树作为干旱、石漠化、消落带等生态恶化地区环境治理的优良树种，并以生态桑资源开展蚕业、林业、生态、食药、饲料业等多级利用。21世纪以来指导"三农"工作的第14份中央一号文件（2017年）首次提出要做大做强蚕桑等优势特色产业。

　　海南省具有我国典型的亚热带农业特点，适宜栽桑养蚕，具有发展高产、优质、高效蚕桑产业的气候条件，蚕桑产业与中国其他任何地区相比，具有无可比拟的资源优势，桑树终年生长不休眠，产叶时间达11个月以上。桑树种植4个月即可采叶养蚕，农户养蚕12天即可卖茧收钱，可以全年不间断滚动养蚕，投入产出周期短，见效快，效益高，是扶贫攻坚的优势产业。海南具有悠久的种桑养蚕缫丝历史，"琼中模式"又为海南省发展蚕桑产业提供了借鉴，在当前建设自由贸易港和生态旅游岛及"一带一路"政策的支持下，海南的蚕桑产业将迎来前所未有的机遇和发展前景。作为促进农业增效、农民增收的主导绿色产业，海南省政府及地方市（县）每年投入约1亿元资金用于发展蚕桑产业，计划到2020年发展桑树面积1万hm^2，农业产值10亿元；到2025年，发展桑树面积3.3万hm^2，农业产值35亿元。通过10年的努力，把海南省打造成为中国最大的"生态环保高品位的丝绸制品原料生产基地"，同时，建立果桑、茶桑、菜桑等蚕业多元化发展产业带（琼农议字〔2017〕80号）。

　　然而，适宜的气候条件和常年生产也同样造成桑树害虫的种类增多，发生为害较重。2016年以来的调查发现，以桑螟、桑小头木虱和桑始叶螨为主的桑树害虫害螨在海南各植桑区严重发生，尤其是发展较早、面积最大的琼中县，桑园桑螟和桑小头木虱的被害株率高达100%，并有逐年加重发生趋势，不仅显著降低了桑叶和桑果的产量，而且品质也显著下降。用以养蚕则单位面积养蚕张数减少，喂食桑叶不足，影响蚕生长发育的同时降低了蚕对各种疾病的抵抗力。相应害虫害螨识别与防控技术的缺乏，已逐渐成为制约海南蚕桑产业发展的重要因素。

本书紧紧围绕海南桑蚕产业发展与实际需求，针对桑树全生育期害虫的识别为切入点，以绿色综合防控技术为目的，详细介绍了桑树57种重要害虫和4种重要害螨的寄主及分布、为害特点、形态特征、生活习性和针对性防治措施，以实现桑树生产中害虫害螨的有效识别、监测与防控，保障桑园安全生产，为构建环境友好种养、资源循环利用、多元立体开发、生态治理相互结合的现代蚕桑产业模式提供技术支撑，促进产业提质增效。

本书主要面向农业技术推广人员、从事桑蚕产业的企业技术人员、大专院校、科研单位等部门相关人员和研究生参考。

本书编写过程中得到了国家蚕桑产业技术体系海口综合试验站（No. CARS-18-SYZ17）、农业农村部农业国际交流与合作项目（BARTP-08-LBQ-WSC）、中国热带农业科学院重点科研平台条件改善经费（桑蚕研究中心）、中央级公益性科研院所基本科研业务费专项（No. 1630042018004）和海南省昆虫学会的支持。同时得到了海南琼纺蚕桑产业发展有限责任公司和琼中蚕农王素翠女士的支持和帮助，在此一并感谢！衷心感谢江西农业大学农学院植保系王建国教授在小蠹虫鉴定中给予的指导和帮助。在本书编写过程中，参考并引用了一些学者的意见和观点，限于篇幅，不能一一列出，谨表致谢！

编　者
2019年10月

目　录

第一章

鳞翅目害虫

第一节　螟蛾科

螟蛾科（Pyralidae）害虫，是前翅三角形，腹部基部具鼓膜器的小蛾类昆虫。该科的鉴别特征为后翅Sc+R1与Rs在中室外短距离愈合或极其接近，Ml与M2基部远离，各出自中室上角和下角。其成虫小到中型，身体细长，腹部末端尖削，有单眼，触角细长，通常绒状，偶有栉状或双栉状。喙发达，基部被鳞，下唇须3节，前伸或上举。前翅R3与R4常在基部共柄，偶尔合并，第l臀脉消失。卵呈鳞片状、卵状或圆柱状。幼虫通常圆柱状，前胸气门前片有2根毛，趾钩通常双序或三序，有时单序，排列成环状、缺环或横带。有时有丝状鳃。蛹通常光滑或具刻点，腹部无刺。足通常细长。在海南，为害桑的螟蛾主要为桑螟。

桑螟（*Glyphodes pyloalis* Walker）

桑螟（*Glyphodes pyloalis* Walker），属鳞翅目螟蛾科绢丝野螟属（*Glyphodes*），又称油虫、青虫或卷叶虫，是海南桑树产区为害最重的害虫。

寄主及分布

寄主主要为桑。我国主要分布于海南、江苏、浙江、四川、重庆、湖南等地。国外在日本、缅甸、印度等国家植桑区均有发生。

为害特点

以幼虫为害桑树顶芽、嫩梢和叶片，并逐渐向下为害叶片，导致桑树枝条难以拔高，从而影响桑叶的产量，用以养蚕则导致蚕的产茧量下降。严重发生时造成无叶养蚕的局面，给蚕桑生产带来极大的影响。1~2龄幼虫在桑叶叶背、叶脉分叉处及芽苞内取食，3龄幼虫吐丝卷叶或叠叶，隐藏其中咀食叶肉，叶片被咀食下表皮和叶肉后，留下叶脉及上表皮变成半透明灰褐色薄膜状，俗称"开天窗"。桑螟为害导致桑叶减产变质，其排泄物还会污染桑叶，容易与家蚕发生交叉感染，引发蚕病。

形态特征

成虫：头小，两侧具白毛，复眼大呈黑色卵圆形，触角鞭状灰白色，体长约10mm，翅展约20mm，体为茶褐色，前后翅白色带紫色反光，前翅有5条淡茶褐色横带。雌蛾腹部粗大，尾端圆形，雄蛾腹部瘦长，尾端尖，略向上举，有一簇白毛。该虫的翅形图是鳞翅目中最复杂的一种。

卵：不规则扁圆形，淡绿色，表面有蜡质反光。

幼虫：初孵幼虫淡绿色有光泽，密生细毛。高龄幼虫体长约24cm，头淡赭色，胸腹部淡绿色，背线深绿色，胸腹各节有黑色毛片，毛片上生1~2根刚毛。越冬幼虫体呈淡红色，背线不明显，体长约19cm。

蛹：红褐色呈细长纺锤形，雌体长约12cm，雄体略小。翅芽达第4腹节后缘，上有钩刺8个，聚合成丛，茧薄呈灰白色。

生活习性

生活史包括卵期、幼虫期、蛹期和成虫4个阶段，其中幼虫有5个龄期。成虫具有趋光性，善于飞行。海南、福建等地区年发生约7代，世代重叠，江西、贵州等地区年发生5~6代，江苏、浙江等地年发生4~5代，山东年发生3~4代。以最后一代的老熟幼虫在树干裂隙、落叶、杂草、束草的房屋的隐蔽处，越冬结灰白色薄茧越冬。成虫昼伏夜出，趋光性强。成虫产卵于梢端1~9叶嫩叶叶背，沿叶脉处。初孵幼虫，集于叶背，食下桑叶的表面和叶肉，3龄后分散为害，喜缀叶成折叶啃食下表皮和叶肉。发生代幼虫在折叶或缀叶中结薄茧化蛹越冬，有的在越冬场所进行化蛹。

桑螟在夏季气候干旱和秋季多雾天气、沙质壤土及靠近海边及家前屋后的桑园易暴发，低温多雨发生低。卵孵化最适湿度为70%~90%，夏秋季高温多湿利于桑螟孵化，暖冬会增加翌年发生基数，为害呈加重趋势。夏季由于温度持续偏高，使得各代历期缩短，发生期提前。

防治方法

物理防治：首先，太阳能测报灯对桑螟具有较好的诱杀效果，有条件的桑园可选择使用。其次，目前已有商品化的桑螟信息素和诱捕器，可采用桑螟信息素进行诱杀成虫，此种方法不受桑园桑螟虫口密度高低的影响，且能精确反映桑螟种群消长动态，可对桑螟起到很好的监测和诱杀作用。

生物防治：保护和利用天敌，桑螟天敌寄生蜂种类较多，在海南，桑螟天敌寄生蜂主要有5种，分别为桑螟绒茧蜂（*Apanteles heterusiae* Wilkinson）、食心虫白茧蜂（*Phanerotoma planifrons* Nees）、红铃虫甲腹茧蜂（*Chelonus pectinophorae* Cushman）、菲岛长距茧蜂（*Macrocentrus philippinensis* Ashmead）和广大腿小蜂（*Brachymeria lasus* Walker）。其中，桑螟绒茧蜂为优势种，田间寄生率高达63.24%，1头桑螟幼虫可出蜂3～16头；其他4种寄生蜂均为单寄生，田间平均寄生率依次为9.15%、6.21%、5.62%和5.24%。室内寄生特性研究发现，桑螟绒茧蜂对桑螟龄期和密度具有选择性，主要寄生1龄和2龄桑螟幼虫，偶尔寄生3龄幼虫，仅在1龄桑螟幼虫密度为9头和2龄密度为8头时寄生率最高，且出蜂量最大。待被寄生桑螟幼虫发育至5龄时从桑螟体内啮出，并在5～7h内结茧化蛹，啮出幼虫可全部化蛹，4～5d后羽化，羽化率为33.33%～100%，性比为0～87.50%，成蜂寿命为1～3d，多为2d，雄蜂寿命略短于雌蜂。未观察到桑螟绒茧蜂寄生家蚕，生产中要注意保护利用。

药剂防治：防治最适宜时期是桑螟幼虫4龄期之前，这时幼虫主要集中在桑树顶端嫩芽上为害，没有卷叶隐藏，从孵化到卷叶4～5d，虫体小，对药剂的敏感性高，是药剂防治的最佳时期。当桑树新芽长出5cm左右时开始，每2d到桑园里观察一次，时间在早上8点之前，观察桑树顶芽，在顶芽叶间如有丝状物缠绕嫩叶，芽的外形不正，再看其芽芯，是否有幼虫为害，如在整片桑园中发现有虫的顶芽达到10%～20%即开始喷药。目前海南桑螟对药剂的敏感性较强。通过对常用3种杀虫剂20%辛硫·灭多威EC、80%敌敌畏EC、40%辛硫磷EC对桑螟3龄幼虫的毒力测定表明，20%辛硫·灭多威EC对桑螟的毒杀效果最好，稀释6 000倍液对3龄幼虫24h的校正死亡率可达96.00%，LD50仅为0.001μg/g。具有触杀、胃毒和熏蒸作用的80%敌敌畏EC对桑螟的毒杀作用次之，稀释10 000倍液对3龄幼虫24h的校正死亡率达95.60%，LD50为0.002μg/g；40%辛硫磷EC对桑螟具有较强的毒杀作用，稀释5 000倍液对3龄幼虫桑螟的24h校正死亡率为96.60%，LD50为0.005μg/g。

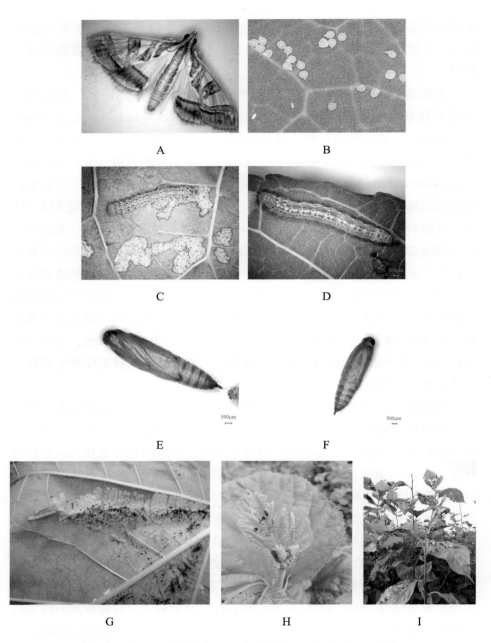

A.成虫；B.卵；C.低龄幼虫；D.高龄幼虫；E.蛹侧面；F.蛹背面；
G.低龄幼虫为害叶片；H.幼虫为害新梢；I.幼虫严重为害梢和叶

桑螟及其为害状

第二节 夜蛾科

夜蛾类害虫属鳞翅目夜蛾科（Noctuidae）。体型一般中等，但不同种类相差很大，小型的翅展仅10mm左右，大型的翅展可达130mm。该类害虫成虫体多呈暗灰色，翅面上斑纹丰富。口器发达，下唇须有钩形、镰形、锥形、三角形等多种形状，少数种类下唇须极长，可上弯达胸背。幼虫光滑色暗，腹足趾钩单序中列式，或缺环1/3以上。为害桑的夜蛾主要有3种，分别是斜纹夜蛾、南方锞夜蛾和掌夜蛾。

斜纹夜蛾（*Spodoptera litura* Fabricius）

斜纹夜蛾（*Spodoptera litura* Fabricius），属夜蛾科灰翅夜蛾属（*Spodoptera*），繁殖力强，是海南桑园的主要害虫之一。

寄主及分布

斜纹夜蛾食性杂、寄主范围非常广泛，是一种世界性分布的间歇性暴发害虫。

为害特点

该虫以幼虫取食叶片和嫩芽，为害叶片导致叶肉被啃食殆尽，仅剩叶脉和上表皮，为害嫩芽，导致桑树无法生长，严重发生时全田植株叶片被全部吃光，只剩枝条、叶脉和上表皮，养蚕失去价值，果桑则无法结果。

形态特征

成虫：体长14～20mm，翅展35～46mm，体暗褐色，胸部背面有白色丛毛，前翅灰褐色，花纹多，内横线和外横线白色，呈波浪状，中间有明显的白色斜阔带纹。

卵：扁平的半球状，初产黄白色，后变为暗灰色，块状黏合在一起，上覆黄褐色绒毛。

幼虫：体长33～50mm，头部黑褐色，胸部多变，从土黄色到黑绿色都有，体表散生小白点，从中胸至第9腹节在亚背线内侧有三角形黑斑1对，其中以第1、第7、第8腹节的最大。

蛹：长15～20mm，圆筒形，红褐色，尾部有1对短刺。

A.成虫；B.卵；C、D、E.低龄幼虫及其为害状；F、G.高龄幼虫及其为害状

斜纹夜蛾及其为害状

生活习性

在我国年发生4～9代，在海南、广东、广西、福建、台湾等地可终年繁殖，无越冬现象；在长江流域以北的地区，越冬问题尚无结论，推测春季虫源有从南方迁飞而来的可能性。长江流域多在7—8月大发生，黄河流域多在8—9月大发生。成虫夜间活动，飞翔力强，一次可飞数十米远，高达10m以上，成虫有趋光性，并对糖醋酒液及发酵的胡萝卜、麦芽、豆饼、牛粪等有

趋性。斜纹夜蛾的发育适温较高（29～30℃），因此各地严重为害时期皆在7—10月。

防治方法

农业防治：合理轮作，科学栽培，加强田间管理，提高桑树抗虫能力；及时清除田间及周边杂草、残花落叶，摘除卵块和低龄幼虫群集的叶片，并集中处理，以减少残留虫源。

物理防治：利用斜纹夜蛾成虫趋光性、晚上有喜食糖醋的习性，采用频振式诱虫灯、糖醋液诱杀成虫，控制下代虫口基数。同时在成虫羽化期，利用性信息素进行测报、干扰交配和诱杀。

生物防治：保护和利用黑卵蜂、赤眼蜂、蜘蛛等天敌；果桑园则可利用斜纹夜蛾核型多角体病毒以及苏云金杆菌制剂进行防治，但注意养蚕桑园不可使用，且用药果桑园需与养蚕用桑园隔离。

药剂防治：在幼虫初孵至2龄前喷施化学农药进行防治，3龄后，应根据其昼伏夜出的生活习性，于晴天傍晚进行喷药防治。斜纹夜蛾易产生抗药性，防治时要注意药剂轮换使用，以延缓其抗性的产生。药剂可选用敌敌畏与辛硫磷乳油1 000倍液，3.2%阿维菌素1 000～1 500倍液每10～15d叶面喷洒1次，视虫情增加防治次数，连续喷洒2～3次，均匀喷湿所有的叶片，以开始有水珠往下滴为宜。注意避开养蚕期。

南方锞夜蛾（*Chrysodeixis eriosoma* Doubleday）

南方锞夜蛾（*Chrysodeixis eriosoma* Doubleday），属夜蛾科银纹夜蛾属（*Chrysodeixis*）。

寄主及分布

南方锞夜蛾的寄主主要包括龙葵、万桃花、山烟草、桑等。该虫主要分布于低中海拔山区，最早于1877年在夏威夷发现，可能起源于澳大利亚或新西兰，目前已经传播到亚洲、非洲、南欧和太平洋的大部分地区。

为害特点

以幼虫取食寄主芽、叶，造成缺刻，甚至食光整片叶。

形态特征

成虫：展翅约为36mm，胸背板上有凸起的鬃毛，翅中央有一块大黑斑，内夹着2个白色圆斑或鱼钩状斑纹，上方为鱼钩状，下方为椭圆形状，其下有一条双线的弯曲状横带贯穿全翅，翅面局部出现金属光泽但大半的个体鲜亮的鳞片很容易脱落。

卵：扁平球状，淡奶油黄色，从卵孔顶部向下有辐射的线。

幼虫：通常6龄。初孵幼虫头部黑色，头壳宽，体绿色，随龄期增加头和身体均变为绿色。高龄幼虫体背沿体长有多条模糊的白线，有时白线边缘具黑点。腹部仅具2对腹足，因此行动时一屈一伸像尺蠖幼虫，高龄幼虫体长约4cm。

蛹：老熟幼虫吐白色的丝结茧化蛹。

生活习性

成虫喜在黄昏和太阳出来前的2h活动。成虫羽化后3d开始交配，第4d开始产卵，平均产卵量为（1 471+212.97）粒，最大产卵量可达2 012粒。成虫寿命为9～14d。卵单产或少量聚产于叶片背面，卵历期随温度差异变化较大，从3～29d不等。幼虫发育历期为18.3～23.6d，老熟幼虫在叶片背面将叶折叠或将两片叶贴合后吐白色的丝结茧化蛹。蛹在室温下历期约11.2d。

防治方法

参照斜纹夜蛾进行防治。

南方锞夜蛾成虫

掌夜蛾（*Tiracola* sp.）

掌夜蛾（*Tiracola* sp.），属鳞翅目夜蛾科掌夜蛾属（*Tiracola*）。

寄主及分布

寄主主要有豆类作物，葛芭、茄子、香荚兰、油菜、甘蓝、花椰菜、白菜、萝卜等十字花科蔬菜及桉树、桑等。全国均有分布。

为害特点

主要以幼虫取食寄主叶片，造成叶片缺刻，虫口密度高时取食整片叶，只留下叶脉，且有成片为害的特点，导致植株只剩枝条和叶脉。幼虫分散为害，也有一张叶片上两三头幼虫同时为害的情况。其所排泄的粪便会粘贴在叶片上，或者散落在植株下方，观察地面虫粪数量多寡，就能够判断植株上的虫口多少。新鲜粪粒墨绿色，比较潮湿，不如其他食叶害虫粪便完整规范。

形态特征

幼虫：2龄幼虫体长35～45mm，虫体呈圆筒形，头部前面平斜，红色，体背灰蓝色，中央有一条灰白色中线。体前端稍粗，后端较细，腹末呈半圆形。

生活习性

在海南，幼虫主要发生于7月初，阴天、雨天活动频繁，取食为害重。

防治方法

参照斜纹夜蛾进行防治。

A   B

A. 掌夜蛾幼虫；B. 掌夜蛾幼虫为害状

掌夜蛾幼虫及其为害状

第三节　卷叶蛾科

卷叶蛾类害虫属于鳞翅目卷叶蛾科（Tortricidae），是一类小型蛾，前翅接近长方形，静止时两翅合拢呈钟罩形，前翅上常具有斑纹，分别叫做基斑、中带和端斑。为害桑的卷叶蛾主要为茶长卷蛾。

茶长卷蛾（*Homona magnanima* Diakonoff）

茶长卷蛾（*Homona magnanima* Diakonoff），属鳞翅目卷叶蛾科长卷蛾属（*Homona*），是海南桑树产区主要害虫之一。

寄主及分布

茶长卷蛾不仅为害多种阔叶树，而且也为害针叶树，包括桑、女贞、栎、樟、柿、桃、柑橘、落叶松、冷杉、紫杉、水杉、雪松、茶、油茶等。广泛分布于我国南方各省（区），在国外主要分布在日本等地。

为害特点

主要以幼虫为害嫩梢和嫩叶，幼虫在爬至嫩梢叶尖过程中吐丝连接数片叶形成苞，1~2龄幼虫取食叶肉；3龄以上取食整片树叶，仅留小枝，以5龄幼虫食量最大，约占总食量90%。幼虫期可以多次转苞为害，一般可转苞2~4次。

形态特征

成虫：雌成虫体长9.5~13.2mm，翅展2.6~31.2mm。头胸部有黄褐色鳞片，触角丝状，复眼紫褐色，前翅近长方形，有多条长短不一深褐色的波纹，翅尖深褐色，后翅杏黄色。雄性虫体长8.9~10.2mm，翅展20.4~2.5mm，前缘褶宽大，翅斑纹颜色较深，中部有一条深褐色斜带，在前缘中部有一黑色斑点。外生殖器爪状突发达，端部呈匙形弯曲，下部有毛，尾突下垂。颚形突由两个弯曲下垂的臂在末端合并上举，端部钝圆。阳茎锥形，基部密布细脊刺，端部光滑、细尖、稍弯曲。有阳茎针，细长，表面有纵脊纹。

卵：椭圆形、扁平，长约0.6mm。卵块为鱼鳞状单层排列、不规则，上覆一层胶状薄膜。初产时乳白色，后淡黄色，近孵化时为深褐色。

幼虫：幼虫共5龄，初孵幼虫为黄褐色，2龄淡黄色，3龄黄绿色，4龄后转为青绿色，老熟幼虫体长22～26mm。头部及前胸背板深褐色，前胸背板前缘黄绿色，腹足趾钩为双序全环。雄性幼虫精巢黄色。在第5腹足背中线两侧可见1对卵形黄斑，以此可与雌性幼虫相区别。

蛹：体长13～17mm，纺锤形，深褐色，末端有臀棘8根，端部弯曲。

生活习性

茶长卷蛾在海南桑树上可周年发生为害，完成一个世代一般需要38～45d，并在日出、日落前后最为活跃。初孵幼虫靠爬行或吐丝下垂分散，遇有幼嫩芽叶后即吐丝缀结叶尖，潜居其中取食。老熟后多离开原虫苞重新缀结2片老叶，化蛹在其中。

成虫羽化时间以18—23时为多，羽化后即交尾。雌成虫一生能交尾1～4次，交尾时间约20min。雌成虫交尾后不久即产卵，产卵时间主要集中在20时至次日早晨8时。产卵量80～230粒，平均175粒。雌雄成虫性比1.23∶1。雌雄成虫寿命平均分别为8.1d、5.6d。卵全天均可孵化，孵化较整齐，平均孵化率约为92.30%。卵期7～10d。幼虫孵化后先取食卵壳，然后才开始趋光爬行或吐丝下垂，随风迁移扩散。大雨直接影响成虫交尾产卵和幼虫的取食，并能使初孵幼虫致死。

防治方法

农业防治：枯枝落叶是茶长卷蛾潜伏场所，可结合剪伐翻土、清除落叶、集中销毁，降低虫源基数。

物理防治：茶长卷蛾成虫发生期设置杀虫灯进行诱杀。

生物防治：茶长卷蛾的捕食性天敌主要是蜘蛛类，有三突花蛛（*Misumenops* sp.）、斑管巢蛛（*Ctaubioma* sp.）、叶斑圆蛛（*Pardosa* sp.）等。它们在树枝叶间巡猎，甚而钻进幼虫的虫苞内主动捕食。寄生性天敌有寄生于老熟幼虫体内的姬蜂、广大腿小蜂（*Brachymeria lasus*），应加以保护和利用。

药剂防治：种群密度高时，适时选择药剂进行防治，要抓紧1～2代幼虫时期，在防治中以1～3龄幼虫期用药的防治效果好，消灭苞内幼虫，防治幼虫脱落逃遁。养蚕用桑可选用敌敌畏进行防治，注意7d养蚕间隔期。非养蚕用桑可用阿维菌素、高效氯氟氰菊酯等进行防治。

A. 雌成虫；B. 雄成虫；C. 卵；D. 幼虫；E. 蛹侧面；F. 蛹背面；G. 幼虫为害状

茶长卷蛾及其为害状

第四节　毒蛾科

　　毒蛾属鳞翅目毒蛾科（Lymantriidae），体中到大型，粗壮多毛。喙退化，雄虫触角双栉齿状，雌虫触角丝状，有时雌虫翅退化或无翅。幼虫多毛疣与毒毛，接触皮肤刺痒疼痛，可引发皮炎。第6腹节、第7腹节背中各有一翻缩腺。低龄幼虫具有群聚为害习性。为害桑的毒蛾主要有3种，分别是基斑毒蛾、双线盗毒蛾和小白纹毒蛾。

基斑毒蛾（*Dasychira mendosa* Hubner）

基斑毒蛾（*Dasychira mendosa* Hubner），异名*Dasychira fusiformis* Walker，属毒蛾科茸毒蛾属（*Dasychira*），又名柑毒蛾、沁茸毒蛾。

寄主及分布

主要寄主包括桑、蓖麻、咖啡、玉米、茶、睡莲、矮仙丹、大王仙丹花、相思树、柑橘、榕、假槟榔及其同属近缘物种等。主要分布于低海拔山区，我国主要分布于海南、台湾、广西、广东、福建、云南、四川等地。国外广泛分布于澳大利亚、新西兰、印度、马来西亚、巴基斯坦、孟加拉国、新加坡等温暖地区。

为害特点

主要以幼虫取食寄主叶片，以嫩叶为主，可将叶片取食成缺刻或只剩叶脉。

形态特征

成虫：雄蛾与雌蛾外观差异极大。雌虫的翅展为46～54mm，雄虫为30～40mm。雄成虫前翅为棕色，在基线的外面有黑色斑点和一个灰白色斑点，后翅暗灰色。雌成虫前翅基部各具一枚大型斑块，一般黑褐色但有些个体呈白色或黄褐色或扩散至前缘，斑纹变异很大。雄蛾触角羽状，雌蛾触角丝状，雌蛾中室下方有多条黑褐色纵纹达外缘或亚端线。雌成虫前翅有网状结构，具线状的斜条纹，缺少雄虫前翅上的白色部分。性别表现为不同颜色形态的二态性。

卵：圆球形，顶端有凹陷，初产时白色，孵化时顶端凹陷处变为淡褐色，幼虫孵化时从凹陷处咬破卵壳。

幼虫：老熟幼虫体长38～44mm。虫体颜色为灰棕色，头部、前足和腹足均为深红色。幼虫头部红色，左右有2丛长型毛束，腹部前节有侧缘，有一白一黑的毛丛，背上有4丛白色毛斑，背中央有一条不明显的白色纵斑。第7腹节背面有翻缩腺。

蛹：褐色，外被乳白色疏松的茧。

生活习性

在海南、广东一年发生6代，每代34～46d。成虫白天静栖于叶的反面，夜间活动。卵聚集成块，堆叠，每块有卵200～300粒。初孵幼虫有群集性，3龄后分散为害。后结茧于叶片上。

防治方法

农业防治：可人工摘除并销毁卵块和虫茧。

生物防治：保护和利用蜘蛛、螳螂、叉角厉蝽等天敌。

药剂防治：在低龄幼虫期，选择敌敌畏乳油进行喷雾防治，每隔7～10d防治1次，连续防治2～3次。注意安全间隔期。

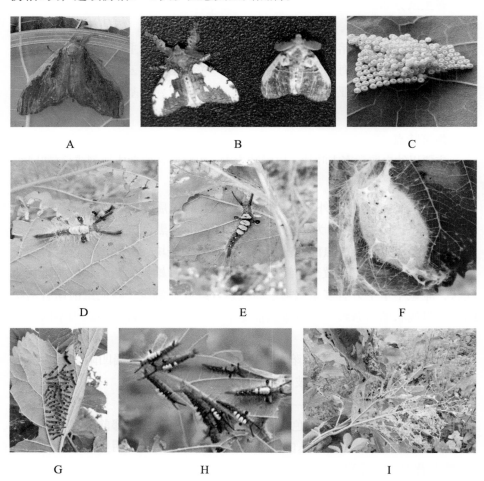

A. 雌成虫；B. 雄成虫；C. 卵；D、E. 高龄幼虫；F. 蛹；G. 低龄幼虫为害叶片；
H. 高龄幼虫为害叶片；I. 叶片受害状

基斑毒蛾及其为害状

小白纹毒蛾（*Orgyia postica* Walker）

小白纹毒蛾（*Orgyia postica* Walker），属于毒蛾科古毒蛾属（*Orgyia*），别名棉古毒蛾、灰带毒蛾。

寄主及分布

主要为害桑、茶、棉、草莓、丝瓜、芦笋、萝卜、桃、葡萄、柑橘、梨、荔枝、芒果等70多种作物。我国主要分布在广东、云南、台湾等省。

为害特点

小白纹毒蛾主要以幼虫为害寄主花蕊和叶片，初孵幼虫群集叶上，后逐渐分散，取食花蕊及叶片，低龄幼虫取食叶肉组织和表皮，仅留叶脉，呈网状。高龄幼虫取食后叶片被食成缺刻或孔洞，造成寄主生长不良、减产甚至是死亡。对于观赏植物而言，取食叶片会造成植物的秃枝，使其失去观赏价值。

形态特征

成虫：雄体长约26mm，呈黑褐色，前翅具暗色条纹；雌虫翅退化，全体黄白色，呈长椭圆形，胸足3对，体长约15mm。

卵：圆形，初产时浅黄色，每天逐渐增大，孵化前褐黄色，中间有一黑点。

幼虫：体长20～39mm。头部红褐色，体部淡赤黄色，全身多处长有毛块，且头端两侧各具长毛1束，背部有4束黄毛，胸部两侧各有白色毛束1对，尾端背方亦生长毛1束，腹足5对。初孵化幼虫体长2～3mm，胸背部白色，全身长有毛，老熟幼虫在叶或枝间吐丝，结茧化蛹。随着幼虫的生长及环境的变化，各龄幼虫的体色也有变化。

蛹：白色，长10～20mm，宽7～14mm，初化蛹时吐白色丝包住虫体，后虫体各色毛变成白色，最后变褐色。

生活习性

小白纹毒蛾世代重叠，在海南发生代数不详。幼虫孵化时先在卵壳咬一小圆孔，然后头部慢慢钻出，最后全身爬出卵壳，昼夜可见孵化现象。初孵化幼虫整齐排列在叶背群集，且以卵壳为食物，3龄后通过吐丝结网扩散到周围植株上取食，约17d后老熟，开始化蛹。老熟幼虫化蛹时先把几张叶片借丝的拉力靠近，然后在叶片下吐丝结茧，刚结茧时，虫体各种颜色当天变白色，蛹期为5d。蛹体羽化在夜间进行，羽化时不断摆动腹部，茧壳开裂，成虫慢慢从蛹壳中爬出。雄性成虫刚羽化时双翅湿润、柔软、折叠向腹部弯曲，翅面皱缩状，随后双翅逐渐展开，羽化完成，羽化后，雄虫即可寻找雌虫进行交配。雌性成虫羽化时无翅，头部有两黑点，柔软，出来后足紧紧抓住茧，挂在空中，8～10h后开始产卵，产卵时尾部弯曲到与茧接触，然后把卵产在茧上，每次尾部弯曲只能产1粒卵，这样重复多次就把卵整齐产在茧上，只要雌虫还能动，它就不断产卵，直至死亡。底层的卵多，上一层卵少，卵块呈一个锥台体状，初产卵白色，随着天数增加，卵变大，变黄。卵期7～8d。

防治方法

人工防治：在小白纹毒蛾幼虫发生严重的桑园中，可人工摘除卵块。在低龄幼虫为害一叶时，可连续摘除2～3次。在化蛹盛期，人工摘除蛹，以降低成虫羽化几率和虫源基数。

物理防治：可根据成虫趋光性采用灯光诱杀，成虫发生期间设置黑光灯诱杀成虫。已有小白纹毒蛾的性信息素，可在成虫发生期悬挂诱捕成虫。

生物防治：保护和利用天敌。小白纹毒蛾天敌寄生蜂种类较多，田间寄生率通常可达50%以上，可将寄生蜂蛹采集存放，待天敌羽化后释放利用。

药剂防治：选择低龄幼虫期进行防治。养蚕用桑需避开养蚕时间，用残效期短的敌敌畏乳油进行防治，非养蚕用桑可用45%丙溴辛硫磷，或20%氰戊菊酯与5.7%甲维盐混合防治，可连用1～2次，间隔7～10d。可轮换用药，以延缓抗性的产生。

A   B   C

A. 雌成虫；B. 雄成虫；C. 幼虫及其为害状

小白纹毒蛾及其为害状

双线盗毒蛾（*Porthesia scintillans* Walker）

双线盗毒蛾（*Porthesia scintillans* Walker），属鳞翅目毒蛾科盗毒蛾属（*Porthesia*），又称棕衣黄毒蛾、桑褐斑毒蛾。

寄主及分布

寄主主要有芒果、荔枝、龙眼、柑橘、枇杷、梨、桃、桑、茶、甘蔗、玉米、花生等作物。我国主要分布于海南、广东、广西、福建、台湾、四川等地。

为害特点

主要以幼虫咬食桑树新梢和嫩叶，使叶片成缺刻或只剩叶脉。

形态特征

成虫：体长9~14mm，翅展20~38mm。体暗黄褐色。头部和颈板橙黄色，胸部浅黄褐色，腹部褐色，腹末肛毛簇橙黄色。前翅棕褐色，微带紫色闪光；内横线与外横线黄色，向外呈波曲状弧形，有的个体不清晰；前缘、外缘和缘毛柠檬黄色，外缘黄色部分被棕褐色部分分隔成3段。后翅黄色。

卵：扁圆球形，直径约0.7mm，初产时乳白色，后变为红褐色。卵块状黏合在一起，上覆黄色绒毛。

幼虫：老熟幼虫体长21~28mm，灰黑色，有长毒毛。头部浅褐至褐色。前胸橙红色，背面有3条黄色纵纹，侧瘤橘红色，向前凸出。中胸背面有两条黄色纵纹和3条黄色横纹。后胸背线黄色。第3~7腹节及第9腹节背中为黄色纵带，其中央贯穿红色细纵线。第1~2腹节和第8腹节背面有绒球状黑色毛瘤，上有白色斑点。第9腹节背面有倒"丫"形黄色斑。各腹节两侧有黑色毛瘤。

蛹：褐色，长8~13mm，背面有稀疏毛，头胸肥大，臀棘圆锥形，末端着生26枚小钩。蛹茧浅暗红褐色，丝质紧密，上有疏散毒毛。

生活习性

海南年发生4~5代，终年可见，无滞育，世代重叠。以幼虫在寄主叶片间越冬。但当气温较暖时，幼虫仍可取食活动，翌年3月结茧化蛹，4月初成虫羽化。成虫有趋光性，羽化多在傍晚，羽化后当晚即可交尾。雌蛾一生只交尾1次，次日开始产卵，每雌平均可产卵约200粒。卵多产于叶片背面或花穗枝梗上，堆聚成长条形块状，上面覆盖黄褐色或棕色绒毛。幼虫孵出后有群集性，3龄后分散为害，老熟后在草丛、枯枝落叶中或表土层结茧化蛹，少数在树干基部裂缝中结茧。

防治方法

农业防治：结合剪伐，将有虫枝叶剪除，可捕杀部分幼虫和蛹。

物理防治：利用其趋光性，用黑光灯诱杀成虫。

生物防治：双线盗毒蛾幼虫天敌主要有姬蜂和小茧蜂等，应注意保护。此外，果桑园可用每克含80亿～100亿孢子的白僵菌粉125g制成菌粉炮弹，每亩发放1个粉弹防治第1～2代的幼虫。也可将自然感病的虫尸磨碎，过滤稀释，得每毫升含5×10^7多角体病毒的悬液，用于防治1～3龄幼虫。

药剂防治：低龄幼虫期可用药喷杀，药剂选择参照小白纹毒蛾。

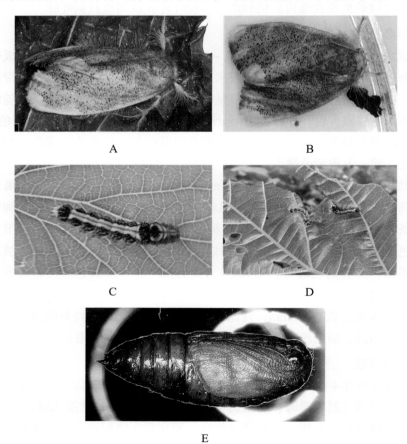

A、B.成虫；C.高龄幼虫；D.低龄幼虫及其为害状；E.蛹

双线盗毒蛾及其为害状

第五节　尺蛾科

尺蛾类害虫属鳞翅目尺蛾科（Geometridae）。该类害虫身体小型至大型，前后翅面宽大，但较薄，静止时平展在身体两侧。幼虫仅在第6节和第10节上具有两对腹足，行走时一屈一伸，似尺子量物一般，尺蛾由此而得名。为害桑的尺蛾主要为柑橘尺蛾和双目白姬尺蛾2种。

柑橘尺蛾（*Hyposidra talaca* **Walker**）

柑橘尺蛾（*Hyposidra talaca* Walker），属尺蛾科钩翅尺蛾属（*Hyposidra*）。又名大钩翅尺蛾，缺口褐尺蛾、突角暗钩尺蠖蛾。

寄主及分布

主要为害芒果、柑橘、荔枝、龙眼、桑和黑荆树。我国主要分布于海南、广东、福建、贵州和台湾等省。

为害特点

以幼虫取食为害，低龄幼虫只啃食叶表皮或叶缘，使叶片呈缺刻或穿孔，3龄以上幼虫可食全叶，还可取食嫩梢，形成秃枝。

形态特征

成虫：雌虫体长16.4～23.6mm，翅展38.12～56.5mm，雄性体长12.3～17.5mm，翅展28.5～37.8mm。头部黄褐色至灰黄褐色。复眼圆球形，黑褐色。雌性触角丝状，雄性羽状。体和翅黄褐色至灰紫黑色。前翅顶角外凸呈钩状，后翅外缘中部有弱小凸角，翅面斑纹较翅色略深，前翅内线纤细，在中室内弯曲；中线至外线为一深色宽带，外缘锯齿状，亚缘线处残留少量不规则小斑。后翅中线至外线同前翅，但通常较弱；前后翅中点微小而模糊；翅反面灰白色，斑纹同正面，通常较正面清晰。

卵：椭圆形，长径0.7～0.8mm，短径0.4～0.5mm。卵壳表面有许多排列整齐的小颗粒。初产时青绿色，2d后为橘黄色，3d后渐变为紫红色，近孵化时为黑褐色。

　　幼虫：共5龄。体黑色至灰黄褐色，各龄幼虫头部与前胸之间及腹部1～6节的背、侧面各有1条白色斑点带，第8腹节背面有4个白斑点。老熟幼虫体长27.3～45.7mm，灰褐色，头浅黄色，有褐色斑纹。腹面有褐色圆斑；臀足之间有一大圆黑斑，腹线灰白色，亚腹线浅黄色；气门椭圆形，气门筛黄色，围气门片黑色；第1腹节气门周围有3个白色斑；胸足红褐色；腹足黄色，具褐色斑，趾钩双序中带。

　　蛹：褐色，纺锤形，长10.4～15.0mm，宽3.5～5.2mm，气门深褐色，臀棘尖细，端部分为二叉，基部两侧各有一枚刺状突。注意安全间隔期。

A　　　　　　　　　B　　　　　　　　　C

D　　　　　　　　　E

A. 成虫；B. 低龄幼虫及其为害状；C、D. 高龄幼虫及其为害状；E. 蛹

柑橘尺蛾及其为害状

生活习性

该虫每年发生6～8代，终年可见，无滞育，世代重叠。柑橘尺蛾在田间，秋冬季发生一代平均约55d，夏季最短可达30d，卵期4～9d，幼虫期24～43d，蛹期7～122d，成虫期3～9d。成虫飞翔力较强，具趋光性，多在傍晚羽化，交尾多在羽化后第2d凌晨3～5时，每雌只交尾1次，交尾后第2d产卵，卵堆产，每雌产卵最少269粒，最多1 102粒，多产在寄主树皮缝中或嫩梢上。未经交尾的雌虫产的卵不能孵化。初孵幼虫爬行迅速，受惊扰即吐丝下垂，2～3h后开始取食。1～2龄幼虫只啃食叶表皮或叶缘，使叶片呈缺刻或穿孔，3龄以上幼虫可食全叶，还取食嫩梢。老熟幼虫吐丝下垂或经树干爬至地表，寻找适宜场所如松土层或土缝隙处慢慢钻入，吐丝并咬碎土粒做蛹室化蛹。

防治方法

农业防治：结合果园管理进行人工捕杀幼虫和松土灭蛹。

物理防治：利用其趋光性进行灯光诱杀，可诱杀未产卵雌虫。

生物防治：幼虫期天敌有松毛虫绒茧蜂（*Apanteles ordinaries*）、蠋蝽（*Arma chinensis* Fallou）、锥盾菱猎蝽（*Isyndus reticuldrus* Stal.），另外还有螳螂、胡蜂、鸟类等天敌，此外，蚂蚁（*Tetraponera rufonigra*）可以攻击柑橘尺蛾幼虫，要注意保护和利用。

药剂防治：发生时可用敌敌畏乳油1 000倍液进行喷雾防治。

双目白姬尺蛾（*Problepsis albidior* Warren）

双目白姬尺蛾（*Problepsis albidior* Warren）、属尺蛾科姬尺蛾亚科（Sterrhinae）眼尺蛾属（*Problepsis*），又名白眼尺蛾。

寄主及分布

主要为害桑、小蜡等。国内主要分布在湖南、华南地区及湖北、四川、海南及浙江。国外主要分布在印度、印度尼西亚、日本等。

为害特点

以幼虫取食植物的叶片，轻则造成叶片的缺刻，重则吃光叶片从而形成秃枝。

形态特征

成虫：体长约14mm，翅展33～39mm。雄触角双栉形，栉齿长约为触角干直径的3倍，末端约1/4无栉齿；雌触角线形，额和头顶黑色，额下端白色。体及翅白色。雄后足胫节膨大，具毛束，无距；跗节短，长约为胫节之半。前翅前缘基部至外线黑灰色；前后翅中室端各具1大眼斑，前翅眼斑近圆形，黄褐色，斑上有1银色环和2条短银线，斑内在Cu_1基部两侧各有1小黑斑，大斑下在后缘处有1黄褐色小斑，周围有银圈；后翅眼斑肾形，周围黄褐色，内有银环，中央白色；斑下在后缘处也具1褐色小斑，上布银色鳞片；外线灰黄色，前翅弧形，后翅弧度小，亚缘线为1列云纹状灰斑，其外侧有1列隐约可见的小灰斑；缘毛白色，端部灰白色。

卵：椭圆形，似菠萝，表面具正六边形蜂窝状凹陷。卵粒大小为0.85mm×0.50mm。初产出时绿色，1～2d后变橙黄色。

幼虫：共5龄。

蛹：纺锤形，栗褐色，腹部末端黑色，臀棘分叉，末端卷曲成钩状。

生活习性

该虫在海南的发生代数不详。成虫多在夜间羽化，白天静伏在植物的叶面上，较容易发现，遇惊扰会做短距离的飞翔，傍晚开始活动。卵散产于寄主枯枝上，以枝顶端产卵较多，少数产于叶背。幼虫均在夜间孵化，初孵幼虫活泼，爬行速度快。幼虫共5龄，1～2龄幼虫仅取食嫩叶，3龄幼虫可取食老叶，从叶缘开始向内取食，4～5龄幼虫食量最大，可食枝条的嫩老叶，造成秃枝。幼虫昼夜取食。幼虫静止时，直立于枝叶上，体色和形态如同枯枝，难以发现。老熟幼虫下树寻找化蛹场所，然后钻入较疏松的表土内，吐丝黏合一些细土粒做成蛹室化蛹。

防治方法

农业防治：结合果园管理进行人工捕杀幼虫和松土灭蛹。

生物防治：可以利用双目白姬尺蛾的天敌，卵期的寄生天敌有松毛虫赤眼蜂；幼虫期捕食性天敌有大刀螳螂和陆马蜂。

药剂防治：选择低龄幼虫期进行防治，药剂可选用敌敌畏乳油，果桑可用Bt乳剂1.5亿孢子/mL菌液加微量溴氰菊酯喷杀，防治效果较好。注意安全间隔期。

双目白姬尺蛾成虫

第六节 刺蛾科

刺蛾类害虫属鳞翅目刺蛾科（Eucleidae）。成虫虫体中等大小，体上密布厚厚的鳞片，口器退化。翅面宽大，静止时呈屋脊状置于身体背面。幼虫蛞蝓形，少数种类体上光滑无毛，但大多数种类体上生有枝刺和毒毛。幼虫在光滑、坚硬的石灰质茧中化蛹。为害桑的刺蛾主要是灰双线刺蛾。

灰双线刺蛾（*Cania bilineata* Walker）

灰双线刺蛾（*Cania bilineata* Walker），属刺蛾科双线刺蛾属（*Cania*）。

寄主及分布

主要为害桑、香蕉、柑橘、茶、椰子、樟树和油棕等。我国主要分布在江苏、浙江、湖北、福建、台湾、海南、广东、四川、云南等地。

为害特点

以幼虫取食寄主叶片，低龄幼虫仅取食叶片背面叶肉，3龄后分散取食，叶片呈缺刻。

形态特征

成虫：翅展23～38mm，头部赭黄色，胸背褐灰色，翅基片灰白色，腹部褐黄色。前翅灰褐黄色，有2条外衬浅黄白边的暗褐色横线，在前缘近翅顶发出（雌蛾较分开），以后互相平行，稍外曲，分别伸达后缘的1/3和2/3。雄性前翅淡黄褐色，中外线大致平行，仅于前缘顶角处稍狭，雄蛾触角基部2/3双栉齿状，末端针状，雌蛾针状。雌性前翅黄褐色，翅面有两条平行的橙色横带，合翅时翅背呈倒"V"字形斑，斑形简单，容易辨认。

生活习性

在海南的发生代数不详。成虫在寄主树皮上产卵，卵聚产，幼虫共8~9龄，低龄幼虫孵化后移动能力较差，群集性强，3~4龄开始分散。

防治方法

农业防治：结合果园管理进行人工捕杀幼虫和松土灭蛹。

物理防治：利用其趋光性进行灯光诱杀，可诱杀未产卵雌虫。

生物防治：幼虫期天敌有猎蝽、螳螂、胡蜂、鸟类等，要注意保护和利用。

药剂防治：发生时可用敌敌畏乳油进行喷雾防治。注意安全间隔期。

A   B   C

A. 成虫；B. 幼虫及其为害状；C. 蛹

灰双线刺蛾及其为害状

第七节　灯蛾科

灯蛾类害虫属鳞翅目灯蛾科（Arctiidae）。体小至大型，色彩鲜艳。触角线状或双栉齿状；喙退化或缺失；下颚须微小；下唇须短，大多上举。前翅三角形或长三角形；少数种类短翅或无翅；腹部两侧常有彩色斑点。幼虫体具毛瘤，生有浓密的长毛丛，毛的长短较一致，背面无毒腺。中胸在气门水平上具2~3个毛瘤。卵立式，通常半球形，常成束产在一起。为害桑的灯蛾主要为黑条灰灯蛾。

黑条灰灯蛾（*Creatonotus gangis* Linnaeus）

黑条灰灯蛾（*Creatonotus gangis* Linnaeus），属鳞翅目灯蛾科灰灯蛾属（*Creatonotus*），是海南桑树重要害虫。

寄主及分布

黑条灰灯蛾寄主包括水稻、桑、茶、甘蔗、柑橘、大豆、咖啡等。在我国主要分布于辽宁、江苏、浙江、福建、湖北、湖南、广东、广西、海南、四川、云南、台湾，在国外主要分布于日本。

为害特点

主要以幼虫为害寄主幼嫩叶片，初孵幼虫（1~2龄）在叶背潜叶为害，随后卷边为害，在卷边内取食叶内，后期将叶尖卷成三角形虫苞，在苞内取食，影响产量。

形态特征

成虫：中型蛾子，雄体长20~24mm，翅展35~45mm；雌体长22~27mm，翅展45~50mm。体及翅灰或灰黄且带粉红色，颜面、触角、下唇须和胸、腹两部之腹面及脚暗褐色，股节以上背部深黄。颈板及胸部沿背线有一前钝后尖的黑色斑纹。前翅中室下方有黑色大条斑1条，中室下角处有黑色小楔形1个；后翅雌性灰白，近外缘和后缘有黑色斑4个，雄性灰黑无斑，其背面前后两翅均乌黑如沾乌烟状，可与雌性相区别。腹部背面均为红色，背面及侧面各有1列黑色斑纹，雌性腹末有孔口开放，雄性闭合。

卵：圆馒头形，直径约0.5mm，初产的卵呈乳黄色，后渐变成黄色，孵化前灰黑色。卵粒表面密布近六角形网状纹，有时上面有些血色污斑点。

幼虫：蝎形，老熟幼虫体长31~36mm，头宽约3mm。头黑色，背脊有白色衬红斑的背线1条，气门深黄色。体被棕色长毛，着生于体节的毛瘤上面，中胸左右两侧各有4个毛瘤，第6腹节、第7腹节两侧各有6个毛瘤。腹足趾钩单序异形中带。

蛹：褐色或黑褐色。腹背有红褐色方块斑，排列整齐，前后左右相对，形成方格，腹部末端圆钝。幼虫化蛹前吐丝结薄茧稀疏如纱，茧色灰黄，半椭圆形，外杂幼虫体毛及粪粒。

生活习性

成虫一般在夜间至次日早晨羽化。白天静止于杂草间，有假死性。夜间具有趋光性，在黑光灯下雄蛾比雌蛾多。成虫常在寄主叶背上或禾本科杂草上产卵，每雌蛾可产卵165～539粒。卵常数十粒至数百粒单层块生。幼虫初孵化幼虫多聚集于嫩叶叶正面，3d后幼虫分散取食。幼虫耐低温能力较强。老熟幼虫多在田间枯枝杂草下化蛹。幼虫化蛹前吐丝结薄茧稀疏如纱。

防治方法

农业防治：剪枝后清洁桑园，消灭卵、蛹等以降低虫源基数。

人工防治：黑条灰灯蛾卵块生，3龄幼虫聚集啮食叶片，被害如筛状，易于识别，可采摘烧毁，或在早晨捕杀老熟幼虫。

药剂防治：在幼虫发生为害期间，可采用80%敌敌畏800倍液喷雾防治，养蚕需注意7d间隔期。

A. 成虫；B. 卵；C. 幼虫及其为害状；D. 蛹

黑条灰灯蛾及其为害状

第八节 蓑蛾科

蓑蛾类害虫属鳞翅目蓑蛾科（Psychidae），均具蓑囊护身，雌雄异型。雌蛾蛆状无翅，雄蛾具翅，触角双栉状，前翅中室内中脉基M存在，径脉R$_5$达外缘，臀脉2A与3A中部愈合。幼虫头部额不大，头顶凹，胸背骨化，前胸气门横扁，胸足基节左右愈合，腹足5对，趾沟单行缺环。雄蛹为被蛹，雌蛹为蝇蛆状围蛹。雌蛾在蓑囊内聚集产卵，幼虫聚集发生，形成"为害中心"。蓑囊与幼虫特征是识别蓑蛾种的常用依据。为害桑的蓑蛾种类主要有3种，分别是茶蓑蛾、白囊蓑蛾和小螺纹蓑蛾。

茶蓑蛾（*Clania minuscula* Butler）

茶蓑蛾（*Clania minuscula* Butler或*Cryptothelea minuscule* Butler），属蓑蛾科窠蓑蛾属（*Clania*）。又名避债虫、车袋虫、背包虫。

寄主及分布
寄主主要有芒果、荔枝、龙眼、茶树、柑橘、枇杷、桃、李、桑等。国内分布于海南、广东、广西、云南、台湾、贵州、安徽、江苏、浙江、江西、福建等地。

为害特点
主要以幼虫取食叶片，也可为害嫩枝皮层和幼果。1龄幼虫咬食叶肉，留下一层表皮，被害叶形成半透明枯斑，主要为害成、老叶；2龄后则食成孔洞或缺刻，甚至仅留主脉。随虫龄增长，食量迅速加大。4龄后咬取断截枝梗粘贴于囊外，平行纵列整齐。取食时间多在黄昏至清晨，阴天则全天均能取食。数量多时可将叶片全部吃光。

形态特征
蓑囊：纺锤形，成长时长25～30mm，丝质松软灰黄色，囊外满贴断截小枝，平行纵列整齐。

成虫：雌蛾蛆状，无翅，体长12～16mm，头小，头和胸红棕或咖啡色，腹部肥大乳白色。雄蛾有翅，体长11～15mm，翅展20～30mm，暗褐至茶褐色。触角双栉齿状。前胸背鳞毛长，成3条深色纵纹。前翅微具金属光泽，沿翅脉色深，近外缘处有2个近长方形透明斑。足发达。

卵：椭圆形，长0.6～0.8mm，淡黄白色。

幼虫：成长幼虫体长16～26mm，头黄褐，颅侧有黑褐色并列斜纹。体暗肉红色至灰黄棕色。胸背有2褐色纵条斑，各节侧面有1褐斑。腹部各节有黑色小凸起4个，排作"八"字形，腹背中较暗；臀板褐色。

蛹：雌蛹蛆状，咖啡色，长14～18mm，腹背第3节后缘及第4～8节前后缘各具1列小齿，臀棘亦具2短刺。雄蛹咖啡至赤褐色，长10～13mm，翅芽达第3腹节后缘。腹部背面具细齿，臀刺末端具2短刺。

生活习性

茶蓑蛾在我国海南、广东、福建、台湾年发生3代，在贵州年发生1代，安徽、浙江、湖南、江苏年发生1～2代，均以2～4龄幼虫或老龄幼虫在护囊内越冬。越冬时不活动，气温稍暖即活动为害。幼虫孵化后，在母囊内停留2～3d食去卵壳，而后多在午后成批自母囊下口涌出，或爬行或吐丝飘至枝叶上，随即营造蓑囊护身。先绕胸吐丝做丝环，并咬取叶屑粘缀，状如颈圈，而后不断后移加长，护裹整个虫体，历经1.5～2.0h建成护囊后开始取食。幼虫向上喜光，在树上明显以枝梢上虫口聚集较多。停息时封囊固着不动。经5龄老熟后，转体向下化蛹。成虫多于黄昏至夜晚羽化。雌蛾羽化后将头胸伸出虫体下移，黄昏后自胸部释放性信息素引诱雄蛾。雄蛾羽化后寻觅并伏于雌蛾囊外，腹部插入雌囊并沿雌蛹壳内壁极力延伸，直至雌蛾体交尾。雌蛾多数交尾1次，少数2次，交尾后当晚或次日开始产卵，产卵期长达10d，多于前2～3d产出，同时腹末绒毛脱落在蛹壳内充塞卵粒间，胸部绒毛脱落留于囊下口内。随产卵量增加，雌蛾逐渐缩小，直至干瘪坠地死去，寿命长达半月。雄蛾具有趋光性，2～3d死去。由于雌蛾无翅，原地集中产卵，幼虫孵化后就地聚集发生，呈现"为害中心"。

防治方法

人工防治：结合桑园管理，及时人工摘除护囊，防止扩散蔓延。

生物防治：在自然条件下，天敌是控制茶蓑蛾种群发展的主要因子，主要天敌为多种寄生蜂，另外鸟类等捕食性天敌对其种群也有一定的控制作用，因此应注意保护利用。秋冬季采集越冬护囊，捡除越冬卵销毁，而将被蜂寄生了的护囊留待春天放入田间，可有效控制其发生。

药剂防治：防治适期掌握在1～2龄幼虫期，虫龄较大时，要适当提高用药浓度和药量。施药方式以喷洒发生为害中心为宜，一般应将护囊喷湿而药液不下滴，并注意在傍晚、清晨幼虫活动为害时喷施防治效果较好。可用敌敌畏乳油进行喷施，养蚕需注意7d间隔期。

茶蓑蛾幼虫及其为害状

小螺纹蓑蛾（*Clania* sp.）

小螺纹蓑蛾（*Clania* sp.）属蓑蛾科寡蓑蛾属（*Clania*），是桑园重要害虫之一。

寄主及分布
寄主主要有杧果、茶树、桑等。我国主要分布于海南、广东、贵州、湖南、安徽、河南等省。

为害特征
取食为害特征同白囊蓑蛾。

形态特征
蓑囊：成长幼虫的蓑囊长9～11mm，近纺锤形，蓑囊外粘贴短小枝梗斜置并列呈螺旋状，枯褐色，内壁灰白色。

成虫：雌雄异态，雌蛾体长5.5～8.0mm，雄蛾5.5～6.0mm，翅展11～12mm。雌蛾乳黄色，头部褐色，小，触角、口器退化，无翅无足，胸部各节背板暗褐色，体壁薄，可看见腹内卵粒。雄蛾翅淡褐色，前翅前缘稍深，无斑纹，触角羽状。

卵：长约0.5mm，近椭圆形，淡黄色。

幼虫：成长时长6.0～7.5mm，头黄褐色，多暗褐色斑纹，体灰色，背面较灰暗。胸部各节背板暗褐色，近前缘较淡，臀板暗褐色。

生活习性

年发生1代，幼虫在蓑囊内活动，取食枝皮，逐渐转移为害叶片。蓑囊随幼虫龄期增加而增大，并截取枝梗斜置囊外，形成螺旋状，并停止生长。雌蛾羽化后仍留在囊内，雄蛾羽化后栖息于叶背面，雄蛾找到雌虫后，以腹部插入雌虫蓑囊内进行交尾。雌虫在蓑囊内产卵，卵成堆产在蛹壳内，产卵后虫体收缩，并自排泄孔掉落地面而死亡。雌虫可产卵79～129粒。幼虫孵化后，成批从蓑囊排泄孔爬出，腹部翘起在枝叶上爬行，或吐丝下垂随风分散到附近的枝条上，活动片刻后即开始营囊。先吐丝缠绕胸部，并咬取枝皮碎屑粘于丝上，当长度接近体长时，可缩入囊中吐丝密织内壁，制成后垂立于枝条上，不再频繁爬动，或仅负囊进行短距离移动取食。

防治方法

人工防治：结合桑园管理，及时人工摘除护囊，防止扩散蔓延。

生物防治：参照茶蓑蛾。此外横带沟姬蜂是小螺纹蓑蛾的重要寄生性天敌，白斑猎蛛、蚁蛛是重要捕食性天敌，应加以保护利用。

药剂防治：参照茶蓑蛾。

小螺纹蓑蛾幼虫及其为害状

白囊蓑蛾（*Chalioides kondonis* Matsumura）

白囊蓑蛾（*Chalioides kondonis* Matsumura），属蓑蛾科。又名橘白蓑蛾、白袋蛾、白囊袋蛾、白避债蛾、棉条蓑蛾、橘白蓑蛾。

寄主及分布

寄主主要有桑、芒果、柑橘，荔枝、龙眼、枇杷、番石榴、桃、梨、梅、柿和茶树等多种作物。我国主要分布于江苏、浙江、安徽、福建、江西、湖南、湖北、广东、海南、四川、云南、贵州、台湾等地。

为害特点

主要以幼虫取食叶片，初龄幼虫食叶成网状小孔，老龄幼虫咬食叶片成孔洞或缺刻，可将整片叶食光。

形态特征

蓑囊：长圆锥形，灰白色。全部由丝构成。其表面光滑，无叶片和枝梗。

成虫：雌雄异型。雌虫体长9～16mm，足、翅退化，形似蛆，体黄白色至浅黄褐色微带紫色。头部小，暗黄褐色。触角小，凸出；复眼黑色。各胸节及第1～2腹节背面具有光泽的硬皮板，其中央具褐色纵线，腹部肥大，尾端收小似锥状。雄虫有翅，体长8～17mm，翅展15～26mm，淡黄褐色，有白色鳞片。复眼黑褐色球形，头浅褐色，尾端褐色，头胸部密生蓬松绒毛；触角短，羽状。翅白色透明，前翅中区有暗色斑，后翅基部有白色长毛。

卵：椭圆形，长0.6～0.8mm，浅黄至鲜黄色，表面光滑。

幼虫：老熟幼虫体长约30mm，红褐色。背板浅棕褐色，被白色中线分成两半。各胸节背面硬皮板褐色；腹部有规则排列的深褐色斑纹。

蛹：雌雄差异较大。雌长12～19mm，蛆形，黄褐色，头细尾尖，无各种附器。雄蛹体长8～15mm，圆筒形，近羽化时黑褐色。翅芽达第3腹节前缘，后足达第2腹节，腹背第2～4节近后缘有细梳齿状突，腹面第4～6节各有纽扣形的斑痕1对。

生活习性

1年发生1代，以高龄幼虫在囊袋内越冬。囊袋挂于枝上。翌春越冬幼虫恢复活动，继续取食，随后相继化蛹和羽化，蛹期15～20d。羽化后雄蛾飞出，雌虫仍居于囊内，头部倒转袋尖一方，雄蛾飞近停于袋尖，将腹部伸入袋内进行交尾。雌虫交尾后，卵产于袋内，产卵后雌成虫体渐收缩，最后爬出囊外坠地而死。每雌可产几百至上千粒卵，卵期12～13d。幼虫孵化后先食卵壳，其后爬出护囊，吐丝随风飘散，停留后即吐丝做茧，围裹身体，形成蓑囊，活动时携囊而行，取食时头胸部伸出囊外，受惊扰时缩回囊内。随幼虫生长，蓑囊逐渐扩大。蜕皮时头壳必黏附于袋口，可以根据头壳出现多少来判别其蜕皮次数。越冬期幼虫吐丝将护囊缚于枝干或叶背固定后，用丝封闭囊口进入越冬。

防治方法

参照茶蓑蛾进行防治。

白囊蓑蛾幼虫及其为害状

第九节　鹿蛾科

鹿蛾类属鳞翅目鹿蛾科（Amatidae）。小到中型蛾类，多黑色及黄色。翅面常缺鳞片，形成透明斑；前翅矛形、颇窄，翅顶稍圆，中室为翅长一半多；后翅显著小于前翅。幼虫色泽鲜艳，具有4对腹足、1对臀足，体表常具毛瘤，其上着生长毛簇，腹足趾钩半环形；蛹光滑、坚硬、有茧。为害桑的鹿蛾主要有3种，分别是蕾鹿蛾、南鹿蛾和伊贝鹿蛾。

蕾鹿蛾（*Amata germana* Felder）

蕾鹿蛾（*Amata germane* Felden），属鹿蛾科鹿蛾属（*Amata*）。又名黄

腹鹿蛾、茶鹿蛾。

寄主及分布

寄主主要有芒果、茶树、桑、荔枝、龙眼、柑橘、杨桃等。分布遍及秦岭、淮河以南，西至云南、贵州、四川，东至东部沿海以及我国台湾，南至广西、广东、海南。

为害特点

以幼虫为害寄主新梢嫩叶，使叶片成缺刻、孔洞，甚至光杆，亦可取食花穗。

形态特征

成虫：雌虫体长12～15mm，翅展31～40mm；雄虫体长12～16mm，翅展28～35mm。体黑褐色。触角丝状，黑色，顶端白色。头部黑色，额橙黄色。颈板及翅基片黑色，中后胸各有1个橙黄色斑，胸足第1跗节灰白色，其余部分黑色。腹部各节具有黄或橙黄色横带。翅黑色，长三角形，前翅基部通常具黄色鳞斑，翅面有5个透明大斑。后翅小，中部具1透明大斑。

卵：圆球形，乳白色，孵化前转变为褐色，直径0.70～0.80mm。

幼虫：初龄幼虫体长2.0～2.2mm，头深绿色，体黄褐色，腹足浅褐色。老熟幼虫体长22～29mm，头橙红色，颅中沟两侧各有一块长形黑斑。胸部各节均有4对毛瘤。腹部第1节、第2节、第7节各有7对毛瘤，第3～6腹节各有6对毛瘤。气门椭圆形，围气门片和气门筛均为黑色。腹足橙红色，趾钩单序中带。

蛹：黄褐色，长12～17mm，胸背及腹部各节有黑斑，后期体转暗褐色。

生活习性

年发生2～3代，以幼虫越冬。第1代幼虫的为害期从3月下旬至5月上旬。第2代为6月中下旬到8月上旬。第3代从8月下旬直至翌年3月。各虫态历期分别为：卵4～6d，幼虫38～194d，蛹8～16d，雌成虫9～20d，雄成虫8～16d。成虫日间活动，夜晚有趋光性。雌蛾1生交配1次，交配后1～2d即可产卵。卵多块状裸露产于嫩叶背面或嫩梢上，常数十粒集成不规则形，整齐排列。每雌产卵百余粒。幼虫共7龄，少数8龄。初孵幼虫先取食卵壳，经5～6h后开始取食嫩叶。1龄幼虫多群集于嫩叶上取食叶肉组织，2龄幼虫开始分散取食为害，食叶呈缺刻状。3～4龄幼虫可取食整个叶片。5龄后食量增大。老熟幼虫在枝梢端部吐少量丝于枝叶和虫体上，悬挂于小枝上化蛹。

防治方法

农业防治：结合果园管理进行捕杀或灯诱成虫。

生物防治：已知天敌有稻苞虫黑瘤姬蜂（*Coccygomimus parnarae* Viereck）、广黑点瘤姬蜂［*Xanihopimpla punctata*（Fabricius）］。另外还有伞裙追寄蝇（*Exorista civilis* Rondani）和白僵菌寄生，应注意保护利用。

药剂防治：苗圃局部发生可用敌百虫晶体喷雾防治，亦可用敌马烟雾剂防治。果桑园可用含量100亿～120亿/g白僵菌制剂防治越冬代幼虫和第1代幼虫。

蕾鹿蛾成虫及其为害状

南鹿蛾（*Amata sperbius* Fabricius）

南鹿蛾（*Amata sperbius* Fabricius），属鹿蛾科鹿蛾属（Amata）。

寄主及分布

主要为害桑、芒果和女贞。我国主要分布于海南、广东、广西、云南等地。

为害特点

为害特点与茶鹿蛾相似。

形态特征

成虫：体长9～11mm，翅展24～28mm，黑色。额黄色，触角顶端1/3～1/2为灰白色，其他为黑色。中、后胸两侧各有1黄色鳞斑。中胸背板后端及后胸有黄色鳞斑。腹部第1节背板有大梯形黄色鳞斑，第5节具有黄色环。中胸背板两侧与翅基交接处有一簇黑色长毛，直伸到腹部、胸部末端。翅黑色，前翅翅面有6个或7个透明斑，斑周围具有蓝黑色具金属光泽鳞毛；后翅中部有黄色鳞斑，基部和端部黑色。

卵：圆球形，乳白色。

幼虫：初孵幼虫体长约3mm，淡黄褐色，布满稀疏黄褐色长毛，头部红褐色。

生活习性

参照蕾鹿蛾。

防治方法

参照蕾鹿蛾。

南鹿蛾成虫及其为害状

伊贝鹿蛾（*Syntomoides imaon* Cramer）

伊贝鹿蛾（*Syntomoides imaon* Cramer），属鹿蛾科贝鹿蛾属（*Syntomoides*）。

寄主及分布

主要为害芒果、枇杷、桑等。我国主要分布于海南、广东、广西、云南等地。

为害特点

为害特点与茶鹿蛾相似。

形态特征

成虫：体长约12.5mm，翅展24～28mm，黑色。额黄或白色，触角顶端白色，颈板黄色，腹部基部与第5节有黄带。前翅中室下方m_1与m_3斑透明并且连成一大斑，中室端半部m_2斑楔形。m_4、m_5、m_6斑较大。m_4斑上方具一透明小点，m_4与m_5斑之间在端部有一透明斑，有时缺乏。后翅后缘黄色，中室至后缘具一透明斑，占翅面1/2或稍多。

卵：椭圆形，表面有不规则斑纹，初产乳白色，孵化前为褐色。

幼虫：蛞蝓形，黑褐色，体肥厚、较扁；头及体上毛瘤为橙红色，毛瘤上具橙黄色长毛。

蛹：纺锤形，长约14mm，橙黄色，腹面为鲜红色。

生活习性

伊贝鹿蛾年发生3代，以幼虫越冬，翌年3月间越冬幼虫开始取食活动，为害寄主叶片，4月中下旬开始化蛹，5月上中旬果园可见第1代成虫交尾，产卵。卵多产在叶背或嫩梢上，通常几十粒单层整齐排列。初孵幼虫先取食卵壳，后群集于嫩叶上取食叶肉组织，2龄后分散为害，吃叶造成缺刻状，随虫龄增大，食量大增，有时会把整个叶片吃光。幼虫共7龄，老熟幼虫在叶片或枝梢上吐丝结茧化蛹。第2代、第3代成虫分别出现在7月下旬至8月上旬及9月下旬。

防治方法

参照蕾鹿蛾。

伊贝鹿蛾成虫及其为害状

第二章 半翅目害虫

第一节 小头木虱科

小头木虱属半翅目胸喙亚目木虱次目（Psyllidomorpha）斑木虱总科（Aphalaroidea），主要取食多年生的林木果树等双子叶植物，其食性高度专化，飞翔能力弱。本科昆虫卵产在组织外，卵呈长形，具卵柄。若虫5个龄期，体扁腹端数节愈合，常分泌蜡质和大量蜜露，虫体在其下，给喷药防治带来许多困难。为害海南桑树的木虱主要为桑小头木虱。

桑小头木虱（*Paurocephala sauteri* Enderlein）

桑小头木虱（*Paurocephala sauteri* Enderlein）属斑木虱总科小头木虱科（Paurocephalidae）小头木虱亚科（Paurocephalinae）小头木虱属（*Paurocephala*），是近年来新入侵我国大陆桑树的主要害虫。

寄主及分布

桑小头木虱寄主主要为桑树和山黄麻。在我国主要分布于台湾省，近年来在海南发现并严重发生为害，分布于海南省各市、县桑树种植区。国外主要分布于泰国、菲律宾、印度、印度尼西亚和马来西亚。

为害特点

桑小头木虱主要以若虫和成虫聚集于叶脉两侧为害，可从腹端排出球状蜡泌物，排出后则逐渐塌陷，其蜡泌物下垂跌落，导致其下叶片发生煤烟病，叶片发黄干枯，影响光合作用，大暴发时可导致桑树顶端萎缩，叶片发黄脱落，桑树停止生长，极大降低桑叶产量和质量。

形态特征

成虫：体长（达翅端）雄性（2.39±0.46）mm，雌性（2.15±0.37）mm，头宽（包括复眼）雄性（0.83±0.11）mm，雌性（0.63±0.09）mm。头短，颊不呈锥状。复眼红褐色，初羽化成虫则为白色，红色集中于一个小的圆形区域，单眼黄绿色。触角10节，第10节端部具2枚长刚毛，第9节近基部具1枚与第10节相似的长刚毛，柄节和梗节淡黄色，鞭节暗褐色至黑色，第4节端部，第6~8节的大部及第9节和第10节褐色至黑褐色，触角长0.90~0.98mm，各节的长比（♂/♀）分别为1.14、1.00、1.05、1.17、1.11、1.10、1.09、1.09、0.92和1.14。初羽化雌雄成虫均为黄绿色，2d后体色逐渐变深，第3d老熟，身体上黑色斑纹逐渐显现，具体为：头部逐渐变成黑色，但雌性中缝两侧各形成3个黄色不规则斑。胸背部逐渐变为黑色，其中中胸前盾片在雄性个体的前缘具黄褐色斜纹，侧缘黄褐色，雌性则具3条黄色纵纹，有时相连呈"山"形；中胸盾片雄性黑色，雌性则具4条黄色纵纹，有时中间2条并连成一条宽纵纹；中胸小盾片雌雄两性均具两块黄色纵斑。后胸盾片黄色，后胸小盾片黑色，向上突伸呈锥状。前翅透明无斑，翅痣狭长，脉黄褐色向端部加深。足淡黄褐色，跗节褐色，端跗节黑色，胫节长于股节，分别为（1.39±0.42）mm和（0.98±0.33）mm，胫节与股节的长比约为1.44。腹板各节均具黄色环纹。

卵：呈水滴形，光滑，具光泽，带短的卵柄，端部具细长的端丝，长0.28~0.32mm，宽0.12~0.18mm，初产时乳白色稍透明，待孵化时可见淡红色眼点。

若虫：分5龄，全身具稠密长短不等刚毛。各龄期主要特征具体如下表所示。

1龄若虫头、胸部乳白色，复眼和腹部橘黄色，体长0.25~0.37mm，触角3节，翅芽几乎看不见。

2龄若虫黄绿色，复眼橘红色，体长0.35~0.57mm，触角5节，出现翅芽，呈乳头状稍稍凸起。

3龄若虫黄绿色，复眼白色布满暗红色斑点，体长0.53~0.71mm，触角5节，端部黑褐色，其余黄绿色。翅芽较小，呈三角形。

4龄若虫黄绿色，复眼白色，顶部约一半具暗红色斑点，体长0.73~0.92mm。触角6节，第Ⅰ至Ⅳ节黄白色，从第Ⅴ节基部开始逐渐加深，从淡褐色逐渐过渡为黑色，第Ⅲ和Ⅳ节端部各有2根长刚毛，基部黑色，端部白色。翅芽明显，几乎呈半圆形，前翅与后翅边缘稍有重叠，至盖住后翅约1/3，向后延伸不超过腹部第1节。

5龄若虫黄绿色，复眼白色，顶部部分具有暗红色斑点，体长1.19～1.94mm。触角8节，第Ⅶ和Ⅷ节为黑色，其余各节均为黄白色，其中第Ⅲ、Ⅳ和Ⅵ节端部各有2根长刚毛，基部黑色，端部白色。翅芽长椭圆形，前翅与后翅重叠近一半，向后延伸，长度超过腹部第1节。

桑小头木虱各龄期的体长、体宽和头宽

龄期	体长（mm）（n=30）	体宽（mm）（n=30）	头宽（mm）（n=30）
卵	0.33 ± 0.08a	0.18 ± 0.05a	—
1龄若虫	0.30 ± 0.04a	0.17 ± 0.01a	0.16 ± 0.00a
2龄若虫	0.45 ± 0.08a	0.26 ± 0.06a	0.23 ± 0.05a
3龄若虫	0.61 ± 0.07a	0.35 ± 0.05ab	0.30 ± 0.04ab
4龄若虫	0.83 ± 0.07ab	0.57 ± 0.02b	0.39 ± 0.02b
5龄若虫	1.48 ± 0.27bc	1.14 ± 0.13c	0.62 ± 0.07c
雌成虫	2.15 ± 0.37c	1.19 ± 0.22cd	0.63 ± 0.09d
雄成虫	2.39 ± 0.46c	1.48 ± 0.18d	0.83 ± 0.11e

注：同一列不同小写字母表示不同形态参数间存在显著差异（$P<0.05$）

生活习性

桑小头木虱为不完全变态昆虫，其生活史包括卵期、若虫期和成虫期3个阶段。其中若虫期共有5个龄期。在桑树上（抗青283×抗青10）从卵至成虫的发育历期为18～24d，平均（20.73±2.33）d。卵期5～7d，平均（5.75±0.85）d。1～5龄若虫的发育历期分别为（2.63±0.39）d、（2.70±0.38）d、（3.45±0.51）d、（3.05±0.72）d和（3.15±0.73）d。成虫寿命雌性长于雄性，分别为9～14d和8～10d，平均（10.35±1.53）d和（8.50±1.00）d。桑小头木虱在海南可全年繁殖，未观察到滞育现象。

桑小头木虱营两性生殖方式，未观察到孤雌生殖现象。成虫以晚上羽化为主，初羽化雌雄成虫体色均为黄绿色，3d后逐渐变为黄褐色并开始交配。成虫交尾时平行排列，尾部相连，可一同向前爬行而不分开。雌虫只交配1次，雄虫则可进行多次交配，交配时间为0.5～3h。成虫结束交配

18～21h后开始寻找合适的位置产卵。每头雌成虫可产卵20～42粒，平均（31.78±6.85）粒，共产4d，其中第1d产卵量最多（12～26粒），第2d次之（5～16粒），第3d（1～7粒）和第4d（0～4粒）非常少。卵单个散产于叶片背面的绒毛中，沿叶脉排列，偶见产于叶片正面，且在叶片边缘。卵孵化率为（98.19±2.01）%，雌性百分率为（70.44±4.85）%。

防治方法

种苗处理：可在移栽前用药剂浸泡种苗根部5～10min，药剂可选用1.8%阿维菌素乳油或40%毒死蜱乳油1 000倍液。

农业防治：剪伐后和饲喂家蚕的桑枝和桑叶需喷药防治后粉碎掩埋，以降低虫源。

物理防治：田间试验结果表明，桑木虱对黄色色板具有显著的趋性，4h诱虫量最高可达127.33头。黄板不同悬挂高度对桑木虱的诱集结果表明，在与桑树顶端平齐、高出10cm和20cm时对桑木虱有显著的诱集效果，低于树顶或高度超过20cm均可显著降低诱集效果。黄板不同放置方向对桑木虱的诱集效果表明，与横向悬挂（即与行垂直）相比，纵向悬挂（即与行平行悬挂）可显著增加对桑木虱的诱集效果。

生物防治：保护和利用天敌，天敌主要有寄生蜂、南方小花蝽、蜘蛛等，需加以保护利用。

药剂防治：在用黄板诱杀成虫的同时，需结合采用低毒低残留药剂杀灭若虫，同时连续施药3次，药剂可选用敌敌畏乳油，但要注意轮换使用。养蚕期必须注意药剂的间隔期。

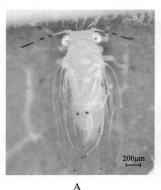 

A. 初羽化成虫；B. 雌雄成虫

桑小头木虱成虫

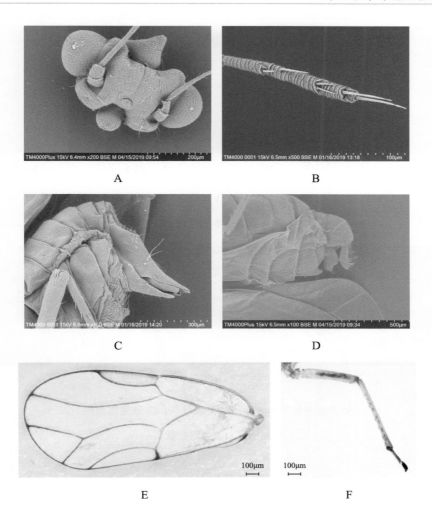

A. 头；B. 触角第9节和第10节；C. 雌性腹末侧观；D. 雄性腹末侧观；E. 前翅；F. 后足

桑小头木虱成虫主要识别特征

桑小头木虱卵

A. 1龄；B. 2龄；C. 3龄；D. 4龄；E. 5龄；F. 5龄若虫腹部末端表皮纹

桑小头木虱若虫

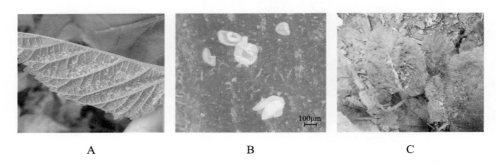

A. 若虫群集为害嫩叶；B. 分泌蜡质；C. 诱发煤烟病

桑小头木虱为害症状

第二节　粉蚧科

　　粉蚧是半翅目胸喙亚目（Sternorrhyncha）蚧总科（Coccoidea）粉蚧科（Pseudococcidae）的一类害虫。本科昆虫因体表被蜡质覆盖物，酷似白粉披身，通称粉蚧。雌成虫体型通常为卵圆形，柔软，被蜡粉，体节较明显，具肛环，肛环刚毛及臀瓣的中小形蚧虫。全世界已知约220属，1 400余种，其中有很多是热带和亚热带经济作物的重要害虫，在温带地区，也常为害温室栽培植物。为害海南桑树的粉蚧主要为木槿曼粉蚧和双条拂粉蚧2种。

木槿曼粉蚧（*Maconellicoccus hirsutus* Green）

木槿曼粉蚧（*Maconellicoccus hirsutus* Green）属介总科（Coccoidea），粉蚧科曼粉蚧属（*Maconellicoccus*），是为害海南桑树的主要蚧类害虫。

寄主及分布

木槿曼粉蚧寄主包括果树，如桑、梨、苹果、柑橘、葡萄、芒果等，蔬菜如豆类、包菜、黄瓜、花生、芹菜、辣椒、南瓜等，多种行道树及室内装饰用树及农作物如，棉花、玉米、大豆、花生、甘蔗等。原产于南亚，在我国的广东、海南、澳门、香港、陕西、西藏、云南有分布。

为害特点

以雌虫和若虫在枝梢和叶背吸取营养，引起植株长势衰退，生长缓慢，顶芽萎缩，花蕾脱落，叶片变黄，嫩枝干枯，并诱发煤烟病，严重时整株落光。受害植株亦可因该虫刺吸而注入的毒素产生丛枝、叶片变形、生长受抑制，严重时整株死亡。

形态特征

成虫：雌成虫体长约3mm，体色为粉红色，体液亦为粉红色，分泌白色蜡丝将身体包裹形成白色卵囊并在卵囊中产卵，待其产卵完毕，挑开卵囊，可见此时的雌成虫蜷缩为不规则形状，体表极褶皱。雄成虫比雌成虫小，红棕色，有一对翅膀。雄虫有两条长长的蜡质"尾巴"，头胸腹分段明显。头略窄于胸，交界处明显溢缩，单眼2对，黑色呈球状，口器退化，触角丝状，10节，约为体长的2/3，每节上都着生有刚毛，胸部具1对半透明前翅，翅脉简单，后翅退化成平衡棒，足发达，腹部细长，末端有1对白色长蜡带，交配器突出呈锥状。

卵：椭圆形，初产时橙色，孵化前变为粉红色，长约0.34mm，宽约0.17mm，包裹于白色棉絮状卵囊中。卵的一端颜色较深，将要孵化时变为粉红色，孵化后蜕下的卵壳呈喇叭状。

若虫：1龄若虫体长0.41～0.54mm，体宽0.20～0.27mm，椭圆形，头部钝圆，体末端稍尖，初孵时体表光滑，体躯分节明显，粉红色，中后期体表逐渐覆盖一层白色蜡粉，身体逐渐圆润。单眼1对，半球形，凸出呈红褐色，触角6节，胸足发达，喙位于前足之间，口针细长，腹末尾瓣呈锥状凸出，具长端毛1对，腹末有两根白色蜡质带伸出。

2龄若虫：体长0.54～0.99mm，体宽0.27～0.49mm，椭圆形，橙黄色。初蜕皮时体表光滑，体躯分节明显，1～2d后，身体明显增大，体表逐渐被白色蜡粉覆盖。单眼情况无变化，触角7节。末期雄虫身体变细长，分泌蜡丝将身体包裹，雌虫并无明显变化。

3龄若虫，雌虫：体长0.99～1.43mm，体宽0.49～0.78mm，椭圆形，橙黄色。初蜕皮时体表光滑，体躯分节明显，后体表逐渐被蜡粉覆盖，触角8节，口针消失，末期会分泌少量松软的白色蜡丝包裹于体表。

雄虫（预蛹）：体长0.98～1.10mm，体宽0.37～0.38mm，长卵圆形，两端稍尖，粉红色。各器官发育不完全，触角较短、透明，向体后延伸呈"八"字形，中胸两侧有半球形透明凸起（翅芽），足略透明，可活动。

伪蛹：体长0.97～1.19mm，体宽0.36～0.37mm，长卵圆形，粉红色，体表覆盖少量白色蜡粉。器官进一步发育，触角和足有大幅度的增长，触角10节，向体后伸，中胸有1对细长透明翅芽，腹末尖。蛹体包裹于自身分泌的松软的白色蜡丝中。

生活习性

木槿曼粉蚧的发育历期为23～30d。繁殖率很高，雌虫产卵量为500～600粒，每年可繁殖12～15代，因此种群基数大，增殖快。卵在卵囊中发育，雌虫在产卵后不久就会死亡。木槿曼粉蚧1龄若虫可通过爬行和借助寄主植物的转移传播，亦可通过风传播，可走相当长的距离寻找合适的寄主植物。木槿曼粉蚧的卵在树皮裂缝、叶痕、树皮下、土壤、树干、果丛和枯死的叶丛中越冬。在雄虫缺乏的情况下，雌虫可以通过孤雌生殖进行繁殖。

防治方法

农业防治：剪伐后和饲喂家蚕的桑枝和桑叶需喷药防治后粉碎掩埋，以降低虫源。

生物防治：孟氏隐唇瓢虫是木槿曼粉蚧的优势天敌，需加以保护利用。各种瓢虫，脉翅目和盲蝽科天敌均可捕食，可加以保护利用。

药剂防治：开春后喷施40%啶虫·毒死蜱（国光必治）乳油进行提前预防，杀死虫卵，减少虫源基数。由于木槿曼粉蚧由蜡质包围，大多数杀虫剂对该虫没有什么作用。因此需抓住最佳的用药时间，避开雄成虫化蛹和雌成虫产卵期，因为期间它们会分泌出白色蜡丝，而且有群集的行为，不利于化学药剂的渗入，最佳施药时期为卵孵化期和1龄若虫盛发期，选用触杀性和内吸性杀虫剂可以达到很好的防治效果。用药注意避开养蚕期。

A. 雌成虫；B、C. 卵；D. 1龄若蚧；E. 2龄若蚧；F. 3龄若蚧；
G. 成、若蚧为害桑树顶梢；H. 若蚧为害桑叶

木槿曼粉蚧及其为害状

双条拂粉蚧（*Ferrisia virgate* Cockerell）

双条拂粉蚧（*Ferrisia virgate* Cockerell），属介总科粉蚧科拂粉蚧属（*Ferrisia*），又称丝粉蚧、条拂粉蚧、橘腺刺粉蚧、大长尾蚧壳虫。

寄主及分布

寄主范围非常广泛，包括葫芦科、豆科、桃金娘科、芭蕉科、棕榈科、芸香科等一些重要作物，主要为害番木瓜、番荔枝、番石榴、番茄、茄子、甘蔗、甘薯、木薯、咖啡、可可、仙人掌、芒果、菠萝、椰子、茶叶、花生、棉花、杜鹃、秋葵、木槿、夹竹桃、桑等200余种农林作物。国内主要分布于海南、广东、广西、云南、台湾、北京、陕西等地，国外主要分布于以色列、菲律宾、埃及、美国、法国、南非等70多个国家或地区，澳大利亚将其作为检疫性害虫。

为害特点

双条拂粉蚧主要以雌成虫和若虫聚集在嫩枝、叶片刺吸为害，初孵若虫从卵囊下爬出，固定在叶片和嫩枝吸食汁液造成寄主叶片和嫩芽变黄枯萎、脱落，树枝干枯，并且可排泄蜜露诱发煤烟病，影响树体的光合作用。

形态特征

成虫：雌成虫，活体灰色，卵圆形，触角8节，体长2.5～3.0mm，宽1.5～2.0mm，体表覆盖白色粒状蜡质分泌物，背部具2条黑色竖纹，无蜡状侧丝，仅尾端具2根粗蜡丝（长约为虫体一半）和数根细蜡丝。本种在斑纹及个体大小上，与扶桑绵粉蚧（*Phenacoccus solenopsis* Tinsley）相近，但本种尾部的蜡丝较长，腹部的斑纹呈长条形而区分。

生活习性

可行有性生殖和孤雌生殖，种群密度高时易行有性生殖，卵单产，产卵量约为70粒。卵期仅2.11～2.62h，若虫3龄。在30～35℃和65%相对湿度下，生活史为42～49d，在16.6℃下需91～98d。雌成虫寿命12～31d。可在马铃薯芽大量繁殖，用于室内饲养。

防治方法

种苗处理：可在移栽前用药剂浸泡种苗根部5～10min，药剂可选用1.8%阿维菌素乳油或40%毒死蜱乳油1 000倍液。

生物防治：主要天敌寄生蜂为刻顶跳小蜂，可以利用其寄生于双拂条粉蚧，以达到控制双拂条粉蚧的目的。双条拂粉蚧可以被Encyrtidae和Eulophidae科的几种内寄生蜂寄生，也可以被Neuropteran捕食者和几种瓢虫攻击取食，尤其是Cryptolaemus montrouzieri和Scymnus syriacus。这两种天敌大大减少了该害虫的数量。

药剂防治：参照木槿曼粉蚧进行防治。

A   B   C

A、B.成、若蚧为害叶片；C.成、若为害嫩梢及茎

双条拂粉蚧及其为害状

第三节 粉虱科

粉虱类害虫是半翅目胸喙亚目粉虱总科粉虱科（Aleyrodidae），具有寄主广泛，体被蜡质，世代重叠，繁殖速度快，传播扩散途径多，对化学农药极易产生抗性等特点，对其防治造成很大困难。体型较小，体长1～3mm。翅展约3mm，雌、雄成虫皆有翅2对，翅脉很简单，前翅径脉、中脉与第1肘脉合并在短的共同主干上，常先分出肘脉，再径脉，中脉分开；有的中脉几乎消失或只存痕迹；肘脉存在或消失，或胫脉也消失；后翅只存留一条脉纹。喙3节，复眼的小眼群常分为上、下两部分，也有的种类其上、下两部分复眼常有各种不规则的联合或合并。单眼2个，着生在复眼群的上缘。腹部第1节常柄状，第8节常背板狭，膜质。腹部第9节背面有管状孔，中间是第10节的背板，称为盖瓣和一管状的肛下板，称为舌状器，此一构造是本科幼虫与成虫的最大特点。雄性成虫具有2片抱握器和稍向上弯曲的阳茎。雌性成虫具有背生殖突和2个侧生殖突。若虫阶段后期呈静止

状态。为害海南桑树的粉虱主要有3种，分别为烟粉虱、螺旋粉虱和双沟巢粉虱。

烟粉虱（*Bemisia tabaci* Gennadius）

烟粉虱（*Bemisia tabaci* Gennadius）属粉虱亚科（Aleyrodieina）粉虱科（Aleyrodidae）小粉虱属（*Bemisia*），又称甘薯粉虱、棉粉虱，俗称小白蛾。

寄主及分布

烟粉虱于1889年在希腊的烟草上首次被发现，随后逐渐扩散，寄主极其广泛，仅在我国广州地区的寄主植物就多达46科176种。主要有番茄、黄瓜、辣椒、茄子等蔬菜及棉花、菊花、桑、十字花科、葫芦科、豆科、锦葵科等众多经济作物。广泛分布于全球热带和亚热带地区，除去极地气候地区，烟粉虱已经分布在100多个国家和地区，是美国、印度、巴基斯坦、苏丹和以色列等国家农业生产中的重要害虫之一。

为害特点

烟粉虱主要以成虫和若虫从寄主叶片背面刺吸汁液，从而使叶片损伤、生理紊乱。其可通过直接取食和传播植物病毒的方式对农业、园艺以及观赏性植物造成严重为害。烟粉虱还会分泌蜜露从而引发真菌病害，影响寄主光合作用，造成植株黄化早衰。

形态特征

成虫：雌虫体长（0.91±0.04）mm，翅展（2.13±0.06）mm；雄虫体长（0.85±0.05）mm，翅展（1.81±0.06）mm。虫体淡黄白色到白色，复眼红色，肾形，单眼两个，触角7节。翅白色无斑点，被有蜡粉。翅脉存在严重退化现象，后翅小于前翅，前翅有2条翅脉，第1条脉不分叉，停息时左右翅合拢呈屋脊状。腹部退化为9节。足3对，跗节2节，爪2个。

卵：椭圆形，散产，在叶背分布不规则，有小柄，与叶面垂直，卵柄通过产卵器插入叶内，初产时淡黄绿色，孵化前颜色加深，呈琥珀色至深褐色，但不变黑。

若虫：共4龄（4龄末期又叫伪蛹），椭圆形。1龄体长约0.27mm，宽0.14mm，有触角和足，能爬行，有体毛16对，腹末端有1对明显的刚毛，腹部平、背部微隆起，淡绿色至黄色可透见2个黄色点。2龄、3龄体长分别为

0.36mm和0.50mm，足和触角退化至仅1节，体缘分泌蜡质，固着为害。4龄若虫淡绿色或黄色，长0.6～0.9mm，边缘扁薄或自然下陷无周缘蜡丝，胸气门和尾气门外常有蜡缘饰，在胸气门处呈左右对称，背蜡丝有无常随寄主而异。瓶形孔长三角形舌状突长匙状，顶部三角形具1对刚毛，管状肛门孔后端有5～7个瘤状凸起。

生活习性

烟粉虱在海南年可发生11～15代，世代重叠。从卵发育到成虫需要18～30d。每头雌虫可产卵30～300粒，在适合的植物上平均产卵200粒以上。产卵能力与温度、寄主植物、地理种群密切相关。卵不规则散产，多产在背面。卵孵化后的若虫依靠口针来取食叶片韧皮部，从而获取整个发育过程所必需的养分和水分。其中1龄若虫可以自由活动，2～4龄若虫均固定在叶片背面取食。为了适应取食方式，若虫期的烟粉虱形态高度简化。其外观都呈现扁平卵形，固定在叶片背表面，而且会随着龄期的增长而变厚，但其长宽轮廓基本不发生变化。4龄若虫末期进入伪蛹期，即能观察到伪蛹上的1对红眼，因此也叫红眼伪蛹期，此时烟粉虱会将口针从叶背表面拔出等待羽化。成虫视觉较差，但其对黄绿光波和紫外光波有较强的趋性。

防治方法

农业防治：苗移栽前先彻底消毒，在定植前清理干净。结合修剪和伐条，及时摘除和清理烟粉虱为害过的叶片并集中烧毁，以消灭烟粉虱卵和若虫。

生物防治：烟粉虱的天敌很多，在我国，其捕食性天敌有109种，包括鞘翅目以龟纹瓢虫和异色瓢虫为主的3科40种、半翅目以东亚小花蝽和中华微刺盲蝽为主的3科19种、脉翅目以总花草蛉蛉和大草蛉为主的2科12种、蜱螨目以胡瓜钝绥螨和斯氏钝绥螨为主的3科14种、蜘蛛目以八斑球腹蛛和粽管巢蛛为主的11科20种、膜翅目以恩蚜小蜂属和浆角蚜小蜂为主的寄生蜂59种，还有双翅目1科1种、螳螂目1科1种、缨翅目2科2种，均可加以保护利用。

物理防治：利用烟粉虱对410nm波长的光趋性，用黄色粘胶板诱杀成虫。悬挂密度为每亩用20～30块，悬挂高度为植株冠层上方10～15cm，随植株生长而调高。利用烟粉虱对苘麻、葎草的喜好性，在行间种植苘麻、葎草诱集烟粉虱成虫产卵，集中防治或铲除。

药剂防治：选用1.8%阿维菌素乳油1 500倍液，或25%噻嗪酮可湿性粉剂1 000倍液，或25%噻虫嗪水分散粒剂2 000倍液，或50%烯啶虫胺水分散粒剂2 000倍液，或25%吡蚜酮可湿性粉剂2 000倍液均匀喷雾，间隔5～7d第2次用药，注意轮换用药和避开蚕区。养蚕用桑园可使用90%灭多威可湿性粉剂稀释3 500倍喷施，施药后14d方可采叶饲喂家蚕。

A. 成虫；B. 卵；C. 蛹；D. 为害叶片状

烟粉虱及其为害状

螺旋粉虱（*Aleurodicus dispersus* Russell）

螺旋粉虱（*Aleurodicus disperses* Russell）属同翅目粉虱科（Aleyrodidae）粉虱亚科（Aleyrodieina）复孔粉虱属（*Aleurodicus*），是近年来入侵我国的重要有害生物，传播方式多样、寄主种类多和繁殖速度快，对多种作物造成了严重为害。

寄主及分布

螺旋粉虱寄主植物包括多种蔬菜、观赏性植物、水果和遮阴树作物等，如桑、番荔枝、鳄梨、香蕉、天堂鸟、面包果、柑橘、椰子、茄子、番石榴、卡马尼、印度榕树、澳洲坚果、芒果、棕榈、千层木、木瓜、胡椒、茉莉、鸡蛋花、一品红、玫瑰、海葡萄和热带杏仁等。该虫于2006年在我国海南陵水首次发现，在我国的适生区主要包括以广东、广西为中心的1个大区和以四川盆地为中心的1个小区，其中高度危险区主要包括台湾、海南、广东、广西的大部分地区、福建东南部以及江西、云南的个别地区，面积约为38.84万km²。该虫原产于中美洲和加勒比海地区，在美洲，巴哈马、巴巴多斯、巴西、加那利群岛、哥斯达黎加、古巴、多米尼克、厄瓜多尔、海地、马提尼克岛、秘鲁、菲律宾、巴拿马和佛罗里达州南部都有记录。在太平洋，它出现于美国的萨摩亚、库克群岛、斐济、夏威夷、基里巴斯、马朱罗、马里亚纳群岛、瑙鲁、帕劳、巴布亚新几内亚、波纳佩、托克劳、汤加和西萨摩亚。

为害特点

螺旋粉虱主要以若虫通过口器刺吸寄主植物汁液从而造成直接的取食损害，导致叶片过早掉落。同时，该虫可以造成间接损害，主要是由于螺旋粉虱分泌的蜜露和白色蜡质积累于叶片造成煤烟病的发生，使叶片变黑，降低光合作用，导致叶片畸变，降低利用价值。该虫可能还可作为植物疾病的传播媒介。

形态特征

成虫：初羽化时具透明的翅，几小时后翅面覆有白色蜡粉，前翅上偶见有深色的斑点。雄虫腹部末端有铗状交尾握器。雌雄个体均具有两种形态，即前翅有翅斑型和前翅无翅斑型。前翅有翅斑的个体明显较前翅无翅斑的大，雌性体长分别为1.40～1.65mm和1.55～1.90mm，雄性体长分别为1.45～1.65mm和2.10～2.70mm。

卵：长椭圆形，大小约0.29mm×0.11mm，表面光滑，带卵柄，初产时白色透明，随后逐渐发育变为黄色，卵散产，多覆盖有白色蜡粉。通常几个至几十粒卵，以及大量蜡质分泌物以不规则的蜡质线沉积在叶片背面，形成一种螺旋状的图案。

若虫：共4龄，4龄又称伪蛹。1～4龄若虫各龄大小（长×宽）分别为0.28mm×0.12mm、0.48mm×0.26mm、0.67mm×0.49mm及1.06mm×0.88mm。各龄若虫初蜕皮时均透明无色、扁平状,但随着发育逐渐变为半透明且背面隆起。各龄体型相似,但随发育程度由细长转为椭圆形。1龄若虫触角分节明显,具足,可爬行,仅分泌较少的蜡粉,2~4龄若虫的触角和足退化,分泌的蜡粉逐渐增多,蜡丝逐渐变长。

生活习性

在海南该虫年可发生8~9代,18~28℃恒温条件下世代发育历期为26.63~57.16d,繁殖能力强,但低温和高温均不利于其繁殖,14℃下无法完成世代发生。螺旋粉虱成虫不活跃,羽化当天不活动,之后,成虫活动具有明显的规律性。晴天多集中在上午活动,7—9时为明显的活动高峰时段,阴天较少活动,活动时间较晴天晚且分散,雨天不活动。螺旋粉虱可进行孤雌产雄生殖亦可进行两性生殖,成虫羽化5~8h后即可发生交配,交配多发生在15时以后,9时前后也可发生交配。雌雄个体一生均可发生多次交配,交配方式为对接式。成虫羽化后多在3日龄或3日龄后才开始产卵,最大产卵量达433粒,单雌日产卵量为0~46粒。成虫产卵时,边产卵边移动并分泌蜡粉,其移动轨迹多为产卵轨迹,典型的产卵轨迹为螺旋状,该虫亦因此得名。

防治方法

检疫防治:螺旋粉虱在我国的分布范围相对较小,应加强其识别及检疫监测工作,禁止从国内疫区调运染虫的寄主材料及从国外疫区进口染虫植物及其繁殖材料。发现来自疫区的染虫植物及运载工具要进行销毁或除害处理,同时应加强对疫区毗邻地区的虫情监测与防治工作,对来自非疫区的螺旋粉虱易感寄主要进行严格检查,一旦发现疫情,立即进行除害处理。

生物防治:螺旋粉虱的天敌很多,其中捕食性天敌有81种,寄生性天敌有10种,如捕食性瓢虫与寄生蜂等。中国台湾地区于1995年12月自夏威夷引进海地恩蚜小蜂和哥德恩蚜小蜂对螺旋粉虱进行生物防治。虞国跃等在海南初步调查也发现了一些捕食性天敌,如台湾凯瓢虫(*Keiscymnus taiwanensis* Yang et Wu)、弯叶毛瓢虫(*Nephus* sp.)、日本方头甲(*Cybocephalus nipponicus* Endody-Younga)和草蛉、双翅目蝇类等,均可加以保护利用。

物理防治:悬挂黄板对螺旋粉虱具有一定的诱集效果。田间以12.5kg/min的水速,每2d处理叶背1次,连续处理4周后,对螺旋粉虱成虫与若虫的杀伤率分别达到86%和79%。

　　药剂防治：印棟素、苦参碱和烟碱对螺旋粉虱具有较好防效，而0.125mg/L苦参碱浓度加入终浓度5 000mg/L的青葙甲醇提取物防治效果更好，果桑园可选择使用，但注意远离养蚕用桑园。养蚕用桑园可使用90%灭多威可湿性粉剂稀释3 500倍喷施，施药后14d方可采叶饲喂家蚕。

A. 成虫；B. 成虫产卵呈螺旋状；C. 为害叶片状

螺旋粉虱及其为害状

双沟巢粉虱（*Paraleyrodes pseudonaranjae* Martin）

　　双钩巢粉虱（*Paraleyrodes pseudonaranjae* Martin）属粉蚧科巢粉虱属（*Paraleyrodes*），是近年来在我国南方新发现的一种害虫。

寄主及分布

　　双钩巢粉虱可为害的寄主植物多达20科29属37种，分别为芸香科7种，桑科5种，桃金娘科及无患子科各2种，番荔枝科、棕榈科及芭蕉科等各1种，其中，番荔枝、番石榴、椰子、槟榔、油梨、榄仁树、柑橘等为其主要寄主，受害严重。原产于南美洲，之后在美国的夏威夷、波多黎各自由邦、英国的百慕大以及我国的香港等地相继发现。2007年，在我国海南、广东、广西等地也发现多种农作物被双钩巢粉虱入侵为害。截至2010年，已发现双钩巢粉虱在海南省的18个县（市）有分布。

为害特点

双钩巢粉虱可在桑树叶片正面和背面为害，刺吸叶片汁液使寄主植物直接受害，若虫和雌成虫均可分泌粉状、丝状、絮状或绒毛状蜡质物，形似鸟巢状。其为害，不仅使叶片变黄、变形和提前落叶导致植物生长发育明显变弱，虫口密度大时还可在叶片上分泌大量的蜡粉、蜡丝和蜜露，叶背面呈一片白色，诱发煤烟病，使叶片表面覆盖一层黑色霉层，从而影响植物叶片光合、呼吸与散热作用，加大为害。

形态特征

成虫：黄色，染有红色，在触角较为明显。体较小，体长（头至腹末端，不包括翅端）约1mm，雄虫较小于雌虫，但如果以体长从头顶至抱握器末端计，雄虫略比雌虫为长。复眼红色，前翅共有6个褐斑，位于近基部的后缘1个，翅中部3个和近翅端2个，在翅的2/3处具2个褐纹，呈"八"字形，有时这2个褐纹在中间断裂，有时翅上的褐纹不明显，在翅的2/5处具3个褐纹，近于"小"字形，中间的一竖位于中脉的下方，与中脉平行，下方的褐斑近方形，接近翅缘，上方的斑长形，斜置，远离翅缘，刚羽化的成虫半透明，不见褐纹，静止时左右翅合拢平坦。雄虫末端具1对较长的夹状的抱握器，阳茎位于其中，阳茎端部向腹面的两侧着生1对尖齿，较长，背面的中部具一小凸起，因此阳茎背面观端部为2分叉，而侧面观时端部像着生1对尖齿，阳茎上缘近端部内凹。

卵：长0.26~0.31mm，宽0.13~0.17mm，卵形，具卵柄，淡黄色，常常具黄色区域，位置不定。基部（着生卵柄的一端）略细小，最宽处位于端部的1/4处，卵柄长约是卵长的3/4，一端插入叶面，约在长度的2/3处弯曲，角度在90°~135°，因此卵或与叶面平行，但又不与叶面相靠，或斜列，与叶面近45°，或处在两者之间。

1龄若虫：爬虫卵形，鲜黄色，但具淡黄白色的区域，以中部和侧缘明显，复眼小，鲜红色。体侧缘具稀疏刚毛，以腹末两侧第2对为最长，有时体的四周具薄的蜡层。固定若虫，体长0.37~0.42mm，宽0.20~0.24mm，足及触角缩在体下，体侧长出蜡层，宽度为体宽的1/8~1/6，通常腹末的蜡层较长。

2龄若虫：体长0.46~0.63mm，宽0.30~0.39mm，个体比1龄的大，体侧的蜡膜也较长，体背明显可见分节的身体。

3龄若虫：体长0.72～0.90mm，宽0.44～0.63mm，体背（从复合孔）长出蜡丝，蜡丝断裂后留在体的四周，随着时间的推移，四周堆积的蜡丝越来越多，近似鸟巢形。

4龄若虫（蛹）：与3龄若虫相近，只是四周的蜡丝更多，不取食。

生活习性

雌成虫羽化后当天就可以交配产卵也可以进行孤雌生殖，雌成虫将卵散产在叶背面或正面，而且在卵粒周围分泌粉状和绒毛状蜡质物。刚孵化的1龄若虫经短时间爬行后，开始固定于叶背面取食，直至羽化。1龄若虫后期到成虫都会分泌各种类型的蜡质物，较为典型的是4龄若虫和雌成虫可分泌粉状、丝状、絮状或绒毛状蜡质物，随着蜡质分泌物逐渐增多、蜡丝不断加长，断落在虫体上及周围形似鸟巢状，雌成虫通常在"巢"周围产卵，产卵后再回到"巢"中取食。双沟巢粉虱在发育历期在27℃时最短，温度高于30℃则不利于双钩巢粉虱的生长发育。

防治方法

参照螺旋粉虱进行防治。

双钩巢粉虱及其为害状

第四节　蝽次目

蝽类昆虫属半翅目（Hemiptera）异翅亚目（Heteroptera）蝽次目（Pentatomomorpha）。该类昆虫体壁坚硬，较扁平，通常为圆形或细长形，体绿、褐或具明显的警戒色斑纹。触角常为丝状，3～5节，露出或隐藏在复眼下的沟内。口器为刺吸式，分节的喙由头的腹面前端伸出，弯向下方。前翅为半鞘质，后翅为膜质，很多种类在胸部腹面后足基节旁具臭腺开口，能分泌臭液。为害桑的蝽类害虫主要有6种，分别为稻棘缘蝽、异稻缘蝽、离斑棉红蝽、麻皮蝽、瘤缘蝽和珀蝽象。

稻棘缘蝽（*Cletus punctiger* Dallas）

稻棘缘蝽（*Cletus punctiger* Dallas）属缘蝽总科（Coreoidea）缘蝽亚科（Coreinae）岗缘蝽族（Gonocerini）棘缘蝽属（*Cletus*），又称稻针缘蝽、黑棘缘蝽。

寄主及分布
稻棘缘蝽主要为害水稻及其他禾本科植物、棉花、大豆、柑橘、茶、高粱、桑、芒果等。在我国主要分布于海南、广东、广西、云南、湖南、湖北、四川、山西、陕西、河南、安徽、贵州、西藏、福建、台湾等地。

为害特点
以成、若虫在桑树嫩梢、嫩茎及叶片上吸食汁液，导致叶片出现斑点，影响桑叶质量。

形态特征
成虫：体长9.6～11.6mm，宽2.8～3.7mm。体黄褐色，密布黑褐色颗粒状刻点。头顶中央有短纵沟，表面具黑色小凸起。触角4节红褐色，末节膨大。复眼褐红色，眼后有1黑色纵纹；单眼红色，周围为一黑色圈。喙伸达中足基节间，末节尚黑。前胸背板具无数粒状凸起；前面部分向前向下倾斜；前缘有黑色点斑；侧角细长，略向上翘，末端黑，稍向前指；小盾片三角形，基部有浅色点斑。前翅革片具小粒状凸起，侧缘浅色，膜片淡褐色，透明，革片与膜片连接处有一个浅色小斑点。腹部背面橘红色，侧缘黑，腹下色较浅；各胸侧板中央有1黑色小斑点，腹部腹板每节后缘（在气门之内）有明显的6个小黑点列成1横排。

卵：似杏核，全体具珍珠光泽，表面生有细密的六角形网纹，卵底中央具1圆形浅凹。

若虫：共5龄。3龄前长椭圆形，4龄后长梭形。5龄黄褐色带绿，腹部具红色毛点，前胸背板侧角明显生出，前翅芽伸达第4腹节前缘。

生活习性

年发生3代，无越冬现象。羽化后的成虫7d后在上午10时前交配，交配4～5d后产卵，卵多散生在叶面上，也有2～7粒排成纵列。

防治方法

农业防治：结合秋季清洁田园，清除田间杂草，集中处理。

药剂防治：低龄若虫盛期可选用功夫乳油或吡虫啉可湿性粉剂进行防治，每隔7d喷洒1次，连续1～2次，注意避开养蚕期。

稻棘缘蝽成虫及其为害状

异稻缘蝽（*Leptocorisa acuta* Thunberg）

异稻缘蝽（*Leptocorisa acuta* Thunberg），属缘蝽总科（Coreoidea）蛛缘蝽亚科（Alydinae）稻缘蝽族（Leptocorisa）稻缘蝽属（*Leptocorisa*）。又名大稻缘蝽。

寄主及分布

食性杂，主要为害水稻等禾本科植物，亦可为害芒果、桑等。我国分布于广东、广西、海南、云南、福建、台湾等地。

为害特点

以成、若虫吸食寄主叶片汁液，形成褐色斑。

形态特征

成虫：体较窄，颜色较深。长16～17mm，腹部宽2.5～2.7mm。触角第

1节较长，末端黑色，与第2节长度之比大于3∶2，第4节长于头及前胸背板之和；触角第1节末端及外侧黑色，后足胫节最基部及顶端黑色，前胸背板刻点同色。喙第3节长。雄虫抱器基部宽阔，顶端二分叉。头长，侧叶长于中叶，向前直伸。前胸背板长，前端稍向下倾斜，中胸腹板具纵沟，后胸侧板后角尖削。最后3个腹节的背板完全红色或赭色，前翅革质部完全浅色。

若虫：共5龄，1～5龄体长分别为3.20mm、5.00mm、10.50mm、12mm和15.50mm。

卵：褐色，酒杯形。

生活习性

年发生4代以上，成虫期长，世代重叠。成虫飞翔能力强，羽化多在晚上，交配活动多在白天。成虫寿命长，在不同寄主上存在差异，20～180d不等。雌成虫昼夜都可产卵，每雌产卵量76～182粒，产卵适宜温度为27～28℃，产卵期11～19d。卵产于叶片上，条状排列，每块7～20粒，最多23粒，亦有单产，卵历期约7d。若虫共5龄，历期为15.5～18d。

防治方法

农业防治：铲除果园及附近杂草，破坏栖息场所，可减少虫源。

生物防治：保护和利用天敌。异稻缘蝽的捕食性天敌主要有蚂蚁（优势天敌，主要捕食若虫和卵块）、蜘蛛、瓢虫、甲虫，寄生性天敌主要有蝽象黑卵蜂。

药剂防治：可选用敌敌畏乳油和敌百虫晶体喷雾防治。注意安全间隔期。

异稻缘蝽成虫及其为害状

瘤缘蝽（*Acanthocoris sordidus* Thunberg）

瘤缘蝽（*Acanthocoris sordidus* Thunberg），属缘蝽总科（Coreoidea）缘蝽科（Coreidae）瘤缘蝽族（Acanthocorini）瘤缘蝽属（*Acanthocoris*）。

寄主及分布

寄主主要有桑、马铃薯、番茄、茄子、蚕豆、瓜类、辣椒、商陆等作物。我国主要分布于山东、江西、江苏、安徽、湖北、浙江、四川、福建、广西、广东、云南、海南、台湾等地。国外主要分布于印度、马来西亚等。

为害特点

瘤缘蝽以成虫、若虫群集或分散于寄主茎秆、嫩梢、叶柄、叶片、花梗、果实上刺吸为害，但以嫩梢、嫩叶与花梗等部位受害较重。叶片受害则卷曲、缩小、失绿，果实受害局部变褐、畸形，刺吸部位有变色斑点，严重时造成落叶、落花，整株出现秃头现象，甚至整株、成片枯死。

形态特征

成虫：体长11～14mm，雌雄虫体相似，褐色至深黑褐色，全身几乎被有灰黄色的短毛。有单眼1对，两单眼间距大于单、复眼间距，复眼、单眼均为红褐色。触角为4节，顶端节膨大。喙4节，口针长达中足基部。前胸背板向后向上与两旁延伸成棘刺状，其上的瘤突特别明显。体背与各足均密生粗糙的瘤突。前翅上无楔片，端膜部上由一条基部横脉送出许多分枝的横脉。足后腿节明显膨大，跗节3节。雄虫后足基节有一凸出棘状物。

生活习性

年发生1～2代，世代重叠。成虫生活在平地至中海拔地区。卵多聚集产于叶背，少数产于叶面或叶柄上，卵粒成行，稀疏排列，每块4～50粒，一般15～30粒。成虫、若虫常群集于嫩茎、叶柄、花梗上，整天均可吸食。成虫白天活动，晴天中午尤为活跃，夜晚及雨天多栖息于叶背或枝条上，受惊后迅即坠落，有假死习性。

防治方法

农业防治：通过冬季深翻、合理施肥、铲除周围杂草等，创造不利于瘤缘蝽栖息的环境条件，减少为害。

物理防治：采用人工捕捉，捏死高龄若虫或抹除低龄若虫及卵块。利用假死习性，在植株下放一块塑料薄膜或盛水的脸盆，摇动树枝，使成、若虫迅速落下，然后集中杀死。

药剂防治：参照异稻缘蝽。

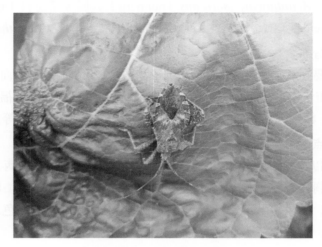

瘤缘蝽成虫及其为害状

离斑棉红蝽（*Dysdercus cingulatus* Fabricius）

离斑棉红蝽（*Dysdercus cingulatus* Fabricius）属红蝽科（Pyrrhocoridae）棉红蝽属（*Dysdercus*）。又名二点星红蝽。

寄主及分布

寄主主要有桑、芒果、柑橘、甘蔗、玉米、棉花等。在我国已知分布于福建、广东、海南、广西、四川、云南、台湾等地。

为害特点

主要以成虫和若虫刺吸寄主叶片、嫩芽及果实的汁液，形成褐色斑。

形态特征

成虫：体长12～18mm，宽3.5～5.5mm。长椭圆形，橙红色。头三角形。复眼黑色，无单眼。触角丝状，黑色，共4节，第1节最长，第3节最短，约为第2节长的一半。喙4节橙红色，第4节端半部黑色，伸达第2腹节或第3腹节。小盾片黑色，革片黑斑圆形，左右革片的2个黑斑相互远离。膜片黑色长过腹末。胸部、腹部腹面红色，仅各节后缘具两端加粗的白横带，各足基节外侧有弧形白纹，各足节红间黑色。雄虫较雌虫窄小。

卵：长1.1mm左右，椭圆形，黄色，表面光滑。

若虫：初孵若虫黄色，12h后变红，喙达第1腹节；3龄后长出翅芽，背面生红褐斑3个，两侧有白斑3个；5龄体长8～10mm，颈白色，翅芽达第1腹节，腹面色似成虫。

生活习性

年发生2代，成虫不善飞，但爬行迅速。羽化后10d的雌虫开始交配。交配后约10d开始产卵，一般20～30粒一堆，产在土缝或枯枝落叶下或根际土表下，有时产在叶片上。若虫共5龄，若虫期15d左右，喜群集。

防治方法

农业防治：加强中耕除草，消灭卵块，截断该虫食物链，防止向桑园迁移。

生物防治：离斑棉红蝽的天敌有寄蝇、捕食蝽、鸟类等，应注意保护利用。

药剂防治：必要时喷洒90％晶体敌百虫进行防治，蚕区注意避开养蚕期。

离斑棉红蝽成虫及其为害状

麻皮蝽（*Erthesina fullo* Thunberg）

麻皮蝽［*Erthesina fullo*（Thunberg）］，属半翅目蝽科（Pentatomidae）麻皮蝽属（*Erthesina*）。又名黄斑蝽象、黄霜蝽、臭板虫。

寄主及分布

寄主主要有桑、芒果、荔枝、柑橘、柚子、石榴、苹果、梨、甘蔗、草莓等。在我国主要分布于内蒙古、辽宁、陕西、湖北、湖南、广东、广西、海南、四川、贵州和云南等地。

为害特点

以成虫和若虫吸食果树嫩梢、茎、叶片、花穗及果实的汁液，致使受害嫩梢、茎、叶枯萎或出现褐斑，受害花穗、果实表皮出现斑点，受害果面呈现坚硬青疔，影响树势和果品质量。

形态特征

成虫：体长18~23mm。体黑褐色，散布有不规则的黄色斑纹，并有刻点及皱纹。头部较狭长，侧叶与中叶末端约等长。由头端至小盾片中部具1条黄白色至黄色细纵脊。复眼黑色。触角5节，黑色，第1节短而粗大，第5节基部1/3为浅黄白色或黄色。喙4节，淡黄色，末节黑色，伸达腹部第3节后缘。前胸背板、小盾片、前翅革质部有不规则细碎黄色凸起斑纹。腹部侧接缘节间具小黄斑。前翅膜质部黑色。各足腿节基部2/3浅黄色，两侧及端部黑褐色，胫节黑色，中段具淡绿色白色环斑，跗节端部黑褐色，具1对爪。

卵：馒头形或杯形，初产时乳白色，渐变淡黄或橙黄色，顶端具盖，周缘有齿。聚生排列成不规则块状，一般每块12粒卵。

若虫：共5龄。初孵若虫体椭圆形，黑褐色。胸、腹部有许多红黄黑相间的横纹。老熟若虫体似成虫，体红褐至黑褐色。头端至小盾片具1条黄色或微黄红色细纵线。触角黑色，4节，第4节基部黄白色。前胸背板、小盾片、翅芽暗黑褐色。前胸背部中部具4个横排淡红色斑点，内侧2个较大，小盾片两侧角各具淡红色稍大斑点1个，与前胸背板内侧的2个排成梯形。腹部背面中央具纵裂暗色大斑3个，每个斑上有横排淡红色臭腺孔2个，足黑色。

生活习性

年发生3代，世代重叠。以成虫在墙缝、屋檐下、枯枝落叶、树干翘皮、裂缝、树洞或杂草丛中越冬。越冬态不甚明显，翌年3—4月出蛰活动。果树发芽后开始活动，5—7月交配产卵。卵多产于叶背或嫩枝的芽眼处，卵排列整齐，聚集成卵块。卵期50多天，雌虫一生产卵126~173粒。5月中下旬孵化为若虫。刚孵化的若虫多聚集在一起。7—8月羽化为成虫。成虫飞翔力强，具群集习性，喜在果树上部活动，有假死性，受惊扰时分泌臭液。

防治方法

人工防治：清除果园及其周边的杂草，集中妥善处理，减少越冬虫源；成虫和若虫为害期，清晨抖落后人工捕杀；成虫产卵盛期摘除卵块和若虫团；果实套袋，避免虫害。

药剂防治：若虫低龄期可施药防治，药剂可选用敌敌畏乳油，但注意蚕区避开养蚕期。

麻皮蝽成虫及其为害状

珀椿象（*Plautia crossota* Dallas）

珀椿象（*Plautia crossota* Dallas）属半翅目蝽科（Pentatomidae）珀椿属（*Plautia*）。又名朱绿蝽、克罗蝽。

寄主及分布

寄主主要有桑、芦笋、茄科、豆科等。分布于低海拔山区，在国内主要分布于福建、广东、广西、四川、海南、云南、湖南、湖北和西藏等地。国外主要分布于阿富汗、柬埔寨、印度、菲律宾、日本等国。

为害特点

以成虫和若虫吸食叶片、嫩梢和桑葚汁液，导致叶片褪绿，果实脱落，影响桑叶和果实产量。

形态特征

成虫：体长约10mm，体背绿色密布黑色刻点，体态宽圆，头部为绿色，背部有3~4条黑色纵纹，触角3~4节，端部黑色，复眼红色，前胸背板隆突，小盾片为绿色，末端半弧圆，前翅黑褐色，具黑色刻点，腹部板外露，绿色。前翅革质红褐色或偏紫。

卵：圆球形，白色，成块产，每块有约14粒卵。

若虫：体较小，似成虫，翅芽随龄期增加而增大。

生活习性

年发生3代，以成虫在枯枝落叶或草丛中越冬，翌年天气转暖开始活动产卵，卵呈块状多产在叶背，每块14粒紧凑排列。卵期5~9d，成虫寿命35~56d，成虫趋光性强。成虫受光周期影响存在滞育，但不经低温即可解除滞育。

防治方法

人工防治：清除桑园及其周边的杂草，集中妥善处理，减少越冬虫源；成虫和若虫为害期，清晨抖落后人工捕杀；成虫产卵盛期摘除卵块和若虫团。

药剂防治：参照麻皮蝽。

A	B

A. 成虫；B. 若虫

珀椿象及其为害状

第五节 叶蝉总科

叶蝉属半翅目（Hemiptera）头喙亚目（Auchenorrhyncha）叶蝉总科（Cicadellidea）。体长3～15mm。头部颊宽大，触角刚毛状，前翅革质，后翅膜质，翅脉不同程度退化；后足胫节具棱脊，上有刺状毛。叶蝉类能飞善跳，在植株叶部取食为害，有的种类传播植物病毒病，给植物造成更严重为害。为害桑的叶蝉主要有大红叶蝉和大青叶蝉2种。

大红叶蝉（*Bothrogonia ferruginea* Fabricius）

大红叶蝉（*Bothrogonia ferruginea* Fabricius）属叶蝉总科（Cicadelloidea）大叶蝉科（Tettigellidae）凹大叶蝉属（*Bothrogonia*），又名黑尾大叶蝉、黑尾浮尘子。

寄主及分布

寄主主要有甘蔗、桑、茶等。分布于我国东北、华中、华东以及台湾、广东和海南。国外主要分布于朝鲜、日本、缅甸、菲律宾、印度、印度尼西亚和非洲南部。

为害特点

主要以成虫、若虫刺吸寄主内部汁液，致使被害植株营养成分损失，出现枯焦斑点，严重为害时可致植株生长矮小，叶片枯死脱落。

形态特征

成虫：体长13.5～14mm。头部、前胸背板及小盾片橙黄色，头部有1明显的圆形黑斑，头顶的另一黑斑向颜面部位呈长方形延伸。前、后唇基相交处有1横跨的黑色斑。复眼、单眼均黑色。前胸背板有呈三角形排列的圆形黑斑3个。前翅橙黄色至红褐色，翅基肩角各有1黑斑，翅端为黑色。后翅黑色。胸、腹面均为黑色，有时侧缘及腹节间呈淡黄色。前足、中足、后足的腿节末端和胫节端部黑色，其余淡黄色。

生活习性

大红叶蝉每年发生3代以上。多在近坡地的桑园发生，成虫趋光性强，高温干旱发生严重。成虫产卵于叶背组织内，每卵穴有卵3～7粒，每雌产卵约50粒，若虫期约60d。

防治方法

农业防治：加强栽培管理，合理修剪枝条，使果园通风透光，可在一定程度上减少虫口数量。

生物防治：桑园中的蜘蛛、猎蝽、螳螂、某些卵寄生蜂和病原真菌等都是叶蝉的天敌，它们可有效抑叶蝉种群数量的发展，应加倍注意保护。在进行药剂防治时，应注意科学合理地使用农药，尽可能地保护天敌免受伤害。

药剂防治：当虫口密度较大，特别是花芽、嫩梢抽生时，可进行化学防治，若虫发生期可以用90%敌百虫晶体、80%敌敌畏乳油、50%辛硫磷乳油等喷杀，蚕区注意避开养蚕期。

大红叶蝉成虫及其为害状

大青叶蝉（*Cicadella Viridis* Linnaeus）

大青叶蝉（*Cicadella Viridis* Linnaeus）属叶蝉总科（Cicadelloidea）叶蝉科（Cicadellidae）大叶蝉亚科（Cicadellinae）大叶蝉属（*Cicadella*），又称青叶跳蝉、青跳蝉、大绿浮尘子。

寄主及分布

大青叶蝉食性广，是农作物、果树、林木、蔬菜、花卉、中草药等栽培作物的主要害虫之一。主要寄主包括桑、玉米、高粱、谷子、麦类、苹果、梨、山楂、桃、李、杏、葡萄、樱桃、核桃、丁香、白菜、萝卜、油菜、芥菜、甘蓝、马铃薯、花生、烟草和槐、糖槭、榆、杨、柳、白蜡、刺槐等林木等160多种植物。国内分布广泛，包括黑龙江、吉林、辽宁、内蒙古、河北、河南、山东、江苏、浙江、安徽、江西、台湾、福建、湖北、湖南、广东、海南、贵州、四川、陕西、甘肃、宁夏、青海、新疆等地。国外分布于俄罗斯、日本、朝鲜、马来西亚、印度、加拿大、欧洲等地。

为害特点

主要以成虫、若虫刺吸桑树叶片、嫩梢、茎、果穗等汁液，尤以成虫产卵为害更为严重。成虫产卵于幼龄枝干皮层内，产卵时刺破表皮，造成褐色，叶片卷曲、畸形，枝条受害严重时遍体鳞伤，若经干旱与大风，使其大量失水，导致枝干枯死或全株死亡。此外，据报道，大青叶蝉还可传播病毒病。

形态特征

成虫：雌虫体长8.44～10.20mm，雄虫体长6.66～7.78mm，头部橙黄色，背面有2个明显的单眼，两单眼间有五边形（或称多边形）黑斑2个。前胸背板前缘和中胸小盾片黄绿色，其余深绿色，前翅蓝绿色，尖端灰白色透明，后翅烟黑色。体腹面和足橙黄色，腹部背面除末节外均为烟黑色。雌虫腹末可见锯状产卵器，雄虫腹末有1条细缝，其末端有刺状凸起。

若虫：

1龄体长1.3～2.4mm，初孵时黄白色，渐变灰绿色，头大腹小，头顶色稍深，复眼红褐色，两复眼间隐约可见2个黑斑，胸腹部背面纵线色淡，尚不明显。翅芽不凸出。

2龄体长2.0～3.5mm，灰绿或黄绿色，胸腹部背面有1条明显可见的黄色背线，两复眼间黑斑已明显。前翅芽微露。

3龄体长2.8～4.0mm，黄绿色，胸部背面可见2条明显的暗褐色纵线，而腹部则有暗褐色纵线4条，但有些个体不甚明显。后翅芽覆盖第1腹节，前翅芽伸达后翅芽1/2处。

4龄体长4.0～5.9mm，黄绿色，胸腹部暗褐色纵纹明显。后翅芽长达第2腹节，前翅芽达后翅芽3/4～4/5。

5龄体长5.3～8.2mm，黄绿色，体背胸腹部4条暗褐色纵线均明显（其外侧2条位于近体侧处），直达腹末。前、后翅芽等长，均达第3腹节1/2处。

生活习性

年发生3代及以上，世代重叠。成虫有趋光性，夏季颇强，晚秋不明显。成虫、若虫日夜均可活动取食，产卵于寄主植物茎杆、叶柄、主脉、枝条等组织内，以产卵器刺破表皮成月牙形伤口，产卵6~12粒于其中，排列整齐，产卵处的植物表皮成肾形凸起，喜在1~3年生幼树枝干上产卵。每雌可产卵30~70粒，卵期9~15d。若虫期30~50d。

防治方法

农业防治：在适当位置种秋菜诱集成虫集中，及时喷药消灭成虫，杜绝上树产卵。加强栽培管理，合理修剪枝条，使桑园通风透光，可在一定程度上减少虫口数量。清除桑园内杂草，不与白菜、萝卜、薯类等多汁晚熟作物间作。

人工防治：成虫早晨不活跃，可以在露水未平时，进行网捕。

物理防治：采用灯光诱杀成虫，降低产卵和虫源基数。

生物防治：桑园中的蜘蛛、猎蝽、螳螂、某些卵寄生蜂和病原真菌等都是叶蝉的天敌，它们可有效抑制叶蝉种群数量的发展，应加倍注意保护。在进行药剂防治时，应注意科学合理地使用农药，尽可能地保护天敌免受伤害。

药剂防治：参照大红叶蝉。

大青叶蝉若虫及其为害状

第六节　蜡蝉总科

蜡蝉类属半翅目头喙亚目（Auchenorrhyncha）蜡蝉总科（Fulgoroidea），包括体型变化很大的一些类群，触角着生在头的两侧，复眼的下方，互相远离；梗节膨大成球形或卵形，上面有很多感觉器。单眼通常2个，着生在复眼与触角之间，在颊的凹陷处。前胸背板短，未全部盖住中胸。前翅前源基部有肩板。前翅爪片上有2条脉纹，通常端部愈合成"Y"形；无围脉。中足基节长，着生在身体的两侧，互相远距；后足基节短阔，固定在身体上不能活动。后足胫节有2～7个坚强的侧刺，无成列的刺毛；胫节端部有一列端刺；基部2跗节有时也有端刺。为害桑的蜡蝉主要为碧蛾蜡蝉和八点广翅蜡蝉2种。

碧蛾蜡蝉（*Geisha distinctissima* Walker）

碧蛾蜡蝉（*Geisha distinctissima* Walker）属蜡蝉总科蛾蜡蝉科（Flatidae）。又名青翅羽衣、橘白蜡虫、碧蜡蝉、茶蛾蜡蝉。

寄主及分布

寄主主要有柑橘、刺枣、柿、桑、芒果、苹果、梨、杨梅、葡萄、无花果、茶、甘蔗、花生等。在我国分布于江苏、浙江、台湾、福建、江西、湖南、四川、广东、海南、云南等地。

为害特点

主要以成、若虫在叶片、枝条、嫩梢、花穗、果梗及果实上吸食汁液，使树势衰弱，枝条枯干、落叶、落花、落果或果实变小、品质低劣。

形态特征

成虫：体长10～11mm，翅展约21mm。体翅为黄绿色。头顶短，略向前突出，额长大于宽，具中脊，侧缘脊状带褐色；唇基色稍深；喙短粗，伸达中足基节处；复眼黑褐色，单眼黄色。触角细，有2条淡褐色带纹。前胸背板短，前缘中部呈弧形突出达复眼前沿，后缘弧形凹入，有淡褐色纵带2条；中胸背板很长，中域平坦，具互相平行的纵脊3条及淡褐色纵带2条。

腹部淡黄褐色，被白粉。前翅粉绿至玉绿色，近长方形，宽阔，外缘平直，具红褐色细纹，臀角近直角，翅脉黄色、翅面散布多条横脉。后翅灰白色，翅脉淡黄褐色。足胫节和跗节色略深。

　　卵：乳白色，长1.5mm，纺锤形，一端较尖，一侧略平，有2条纵沟，一侧中后呈鳍状凸起。

　　若虫：若虫体扁平，长形，腹部末端截形，绿色，体被白色蜡粉，腹末有1束白绢状长蜡丝。

A. 成虫；B. 若虫；C、D. 若虫为害状

碧蛾蜡蝉及其为害状

生活习性

　　在海南每年发生2代，第1代若虫盛发期在4—5月，成虫盛发期6—7月，第2代若虫盛发期为7—8月，成虫盛发期9—10月，卵散产于芒果新梢皮层

下、叶柄或叶背组织内，也有3～5粒聚产成行的。产卵处微隆起，呈现枯褐色点斑。初孵若虫群集为害嫩梢以后常3～5头成群活动和跳跃。成虫善飞，耐饥力差，无趋光性。羽化1个月后开始交尾产卵。成、若虫常群集于嫩梢上，吸食嫩枝及嫩叶汁液。阴雨连绵或雨量较大的夏、秋季发生较多。

防治方法

农业防治：加强果园管理，合理修剪，疏剪过密枝叶，改进通风透光条件；剪除枯枝，以防止产卵；见树上有白色绵状物时，用竹竿触动树枝，若虫受惊跳落地面后进行捕杀。

生物防治：可利用瓢虫等天敌的自然控制作用进行控制。

药剂防治：掌握初龄若虫期、若虫盛期及时施药。药剂可选用敌敌畏乳油，喷时从树冠喷至树干，再喷至地面有虫受惊后跳落的地方。注意避开养蚕期。

八点广翅蜡蝉（*Ricania speculum* Walker）

八点广翅蜡蝉（*Ricania speculum* Walker），属广翅蜡蝉科（Ricaniidae）。又名八点蜡蝉、八点光蝉、黑蝴蝶、咖啡黑褐蛾蜡蝉、白雄鸡等。

寄主及分布

寄主主要有桑、芒果、柑橘、咖啡、可可、山楂、苹果、梨、桃、茶、棉、大豆等。在我国分布于陕西、河南、江苏、浙江、湖北、湖南、广东、广西、海南、云南、福建、台湾等地。

为害特点

以成虫、若虫以刺吸式口器吸取嫩枝和芽、叶汁液，排泄物可引起煤烟病。雌成虫产卵于当年生枝条内，使受害枝枯黄、势弱。影响枝条生长，重者产卵部以上枯死，削弱树势。

形态特征

成虫：体长11.5～13.5mm，翅展约26mm，头胸部黑褐色至烟褐色，足和腹部褐色，有些个体的后胸、腹基节及足为黄褐色。额具中脊和侧脊，但极不清晰，唇基具中脊。触角刚毛状，短小。复眼黄褐色，单眼2个，红色。前胸背板具中脊，两边点刻明显；中胸背板具纵脊3条，中脊长而直，侧脊近中部向前分叉。前翅宽大，略呈三角形，翅面被稀薄白色蜡粉，褐色至烟褐色；前缘近端部2/5处有一近半圆形透明斑，斑的外下方有一较大的不规则形透明斑，内下方有一较小的长圆形透明斑，近前缘顶角处还有一很小的狭长透明斑；翅外缘有2个较大的透明斑，其中前斑形不规则，后斑长圆形，内有一小褐斑（有的个体该小斑近乎消失，而有的个体该斑较大，将后斑分成2个）；翅面上散布有白色蜡粉。后翅半透明，翅脉黑色。中室端部有一小透明斑。少数个体在近前缘处还有一狭长的小透明斑，外缘端半部有一列小透明斑。足除腿节为暗褐色外，其余为黄褐色。后足胫节外侧有刺2个。

卵：卵初产时乳白色，后渐变为淡黄色，长卵形，长约1.2mm，卵顶具1圆形小凸起。

若虫：共5龄。低龄为乳白色，近羽化时背部出现褐色斑纹。体长5～6mm，宽3.5～4mm，体略呈钝菱形，翅芽处最宽，暗黄褐色，布有深浅不同的斑纹，体疏被白色蜡粉，腹部末端有4束白色绵毛状蜡丝，呈扇状伸出，中间1对长约7mm，两侧长6mm左右，平时腹端上弯，蜡丝覆于体背以保护身体，常可作孔雀开屏状，向上直立或伸向后方。若虫腹部末端附有灰白色波状弯曲的蜡丝，也能如孔雀一样作开屏状的运动。

生活习性

八点广翅蜡蝉1年发生1代。以卵于枝条内越冬。若虫在5月间孵化，群集于嫩枝上吸食汁液，若虫常数头在一起排列枝上，爬行迅速善于跳跃。7月上旬开始羽化，成虫羽化不久即可交配产卵，每雌可产卵120～150粒，产卵期30～40d。成虫飞行力较强且迅速，产卵于当年生枝木质部内，以直径4～5mm粗的枝背面光滑处落卵较多，每处成块产卵5～22粒，产卵孔排成1纵列，孔外带出部分木丝并覆有白色绵毛状蜡丝，成虫寿命50～70d，至秋后陆续死亡。

防治方法

农业防治：结合管理，剪除有卵块的枝条和叶片，铲除果园和周边杂草，集中烧毁，能显著降低虫口基数。

生物防治：八点广翅蜡蝉受多种天敌的抑制，主要有草蛉、蜘蛛等，应注意保护利用。

药剂防治：在若虫孵化盛期，可选用敌百虫晶体、敌敌畏乳油等防治，但注意避开养蚕期。

A   B

A. 成虫为害嫩茎；B. 成虫为害叶片

八点广翅蜡蝉及其为害状

第七节　沫蝉总科

锥形禾草铲头沫蝉（*Clovia conifera* Walker）

锥形禾草铲头沫蝉（*Clovia conifera* Walker）属沫蝉总科（Cercopoidea）尖胸沫蝉科（Aphrophoridae）铲头沫蝉属（*Clovia*）。

寄主及分布

寄主主要为桑、木麻黄及禾本科植物等。我国主要分布于西藏、青海、甘肃、云南、贵州、广西、广东、海南、福建、台湾等地。国外主要分布于印度、孟加拉国、锡金、缅甸、泰国、日本、菲律宾、马来西亚、新加坡、印度尼西亚、老挝、柬埔寨和越南等地。

为害特点

若虫筑泡沫为巢，似唾沫。以成、若虫吸食叶片、嫩枝汁液，造成叶片和枝条形成斑点，甚至干枯。

形态特征

成虫：体长6~8mm，头部呈锥形，腹端尖狭，外观如铲，体褐色，头部背面及前胸背板具4~6条黑褐色的条状斑纹，小盾板有一枚褐色圆斑，前翅侧缘具一斜向的白色宽带，其端部有一枚大白斑。雄性阳茎指状凸起朝上。头部及前胸背板宽大，上方有4~6条黑褐色纵纹，小盾片有一枚褐色圆斑。

生活习性

年发生代数尚不清楚，可在海南桑树上全年发生为害，目前种群密度较低。

防治方法

农业防治：清除果园杂草和野生树苗，切断其转移寄主源，可有效控制其为害。

生物防治：锥形禾草铲头沫蝉的天敌包括蜘蛛、螳螂等捕食性天敌，应加以保护利用。

药剂防治：防治若虫可选用1.8%阿维菌素乳油、80%的敌敌畏乳剂，90%敌百虫晶体等，对成、若虫均有很好的杀伤效果，但注意避开养蚕期。

A B C

A.成虫；B.若虫；C.若虫及其排出的泡沫状巢

锥形禾草铲头沫蝉及其为害状

小斑红沫蝉（*Cosmoscarta bispecularis* White）

小斑红沫蝉（*Cosmoscarta bispecularis* White）属半翅目沫蝉科（Cercopidae）丽沫蝉属（*Cosmoscarta*）。又名斑带丽沫蝉、桑黑斑赤沫蝉、桑赤斑沫蝉、桃沫蝉等。

寄主及分布

寄主主要为桑、油茶、相思、油茶、白玉兰、柠檬桉、红椎、姑婆芋及禾本科、豆科等作物。国内主要分布于海南、台湾、浙江、湖北、江西、湖南、广东、广西、四川、福建、江苏、安徽、贵州等地。

为害特点

若虫筑泡沫为巢，似唾沫。以成虫、若虫吸食叶片、嫩枝汁液，造成叶片和枝条形成斑点，甚至干枯。

形态特征

成虫：体型大小差异大，长为13～16.3mm。前胸背板橙红色，有2枚黑色的大斑，前胸背板大，呈六角形。前翅橙红色具大小不一的黑色斑点，翅末端的黑斑相连，有些个体前胸背板上两枚黑斑会合并成一大块。后足胫节有侧刺和横列端刺。

A   B

A.成虫；B.若虫及其排出的泡沫状巢

小斑红沫蝉及其为害状

生活习性

年发生1代，可在海南桑树上全年发生为害，目前种群密度较低。若虫吸取寄主汁液后从腹部末端排出，通过腹部的蠕动产生泡沫，形成唾沫状的巢，其可躲在巢内，以防止干燥和降低天敌攻击的风险。成虫在巢中羽化，刚羽化的成虫仍待在巢里，等翅膀干后就会离开沫巢，去吸食寄主汁液，善于跳跃。

防治方法

参照锥形禾草铲头沫蝉。

第八节 角蝉总科

角蝉类属半翅目角蝉总科（Membracoidea）角蝉科（Membracidae）。体小到中型，形状奇异。复眼大，凸出，单眼2枚，位于复眼间；触角短，鬃状。前胸背板特别发达，向后延伸呈后凸起，盖住腹部一部分或全部。为害桑的角蝉主要为长瓣三刺角蝉和白条弧角蝉2种。

长瓣三刺角蝉（*Tricentrus longivalvulatus* Yuan et Fan）

长瓣三刺角蝉（*Tricentrus longivalvulatus* Yuan et Fan），属半翅目角蝉总科角蝉科（Membracidae）三刺角蝉属（*Tricentrus*）。

寄主及分布

寄主主要为桑、芒果等。主要分布于新热带区，我国主要分布于广西、海南、湖南。

为害特点

以成虫、若虫吸食嫩枝、果梗上的养分，导致枝条形成褐色斑点，果实缺乏养分变小或落果。虫体还分泌蜜露，严重时则导致煤烟病的发生，影响光合作用。

形态特征

成虫：体长雌5.4mm，雄4.5mm；肩角间宽雌2.4mm，雄2.0mm；上肩角间宽雌4.0mm，雄2.5mm。雌成虫体中型。头部黑色，宽大于长，多粗刻点，被白毛；头顶上缘弧形，下缘倾斜，边缘上翘。复眼淡褐色，有黑斑。单眼浅黄色，位于复眼中心连线稍上方，彼此间距离略大于到复眼的距离。额唇基分瓣明显，长大于宽，1/2伸出头顶下缘，顶端宽，半球形，边缘上翘，侧瓣伸出头顶下缘较长。前胸背板黑色，具刻点和金色毛。前胸斜面凸圆，宽大于高，中脊起在前缘缺如；胝大，被疏毛，具光泽。肩角三角形，顶端尖。上肩角顶端尖，向两侧平伸并后弯，其长等于两基间距离的1/2。后凸起细长，三棱状，顶端尖，下弯，远超过前翅臀角。小盾片两侧外露。前翅黄褐色，半透明，基部褐色，不透明，具刻点和毛，翅脉粗，被2列暗褐色毛；2盘室，5端室，顶角褐色，Sc近端部粗。后翅白色，透明，多皱，3端室。胸、腹黑色。足的转节、腿节的大部分黑色，爪褐色，腿节的端部、胫节、跗节黄色；后足转节内侧具小齿。产卵器长，伸达前翅端膜。第2产卵瓣窄，长刀状，基部1/3有2大齿，1小齿，端部2/3有数个整齐的小齿，顶端尖。第9腹背板后上角管状。雄性外形与雌性相似，但体较小。

生活习性

年发生代数尚不清楚，可在海南桑树上全年发生为害，目前种群密度较低。

防治方法

农业防治：清除桑园杂草，切断其转移寄主源，可有效控制长瓣三刺角蝉的为害；人工消除卵块，结合修剪，剪去带卵枝条，可以减少虫源。

生物防治：该虫的天敌主要有螳螂和小黄丝蚂蚁、蝎敌等，应予以保护和利用。

药剂防治：防治若虫可选用80％的敌敌畏乳油，90％敌百虫晶体，对成虫、若虫均有很好的杀伤效果，但注意避开养蚕期。

长瓣三刺角蝉成虫及其为害状

白条弧角蝉（*Leptocentrus albolineatus* Funkhouser）

白条弧角蝉（*Leptocentrus albolineatus* Funkhouser）属半翅目角蝉总科角蝉科Membracidae弧角蝉属（*Leptocentrus*），又名白纹弧角蝉。

寄主及分布

寄主主要有桑、芒果、可可、胡椒、黄槿、咖啡、柞栎、余甘子（滇橄榄）、红桑等。我国分布于海南、广东、广西、云南、贵州、四川、湖南、台湾等地。

为害特点

以成、若虫刺吸嫩枝、果梗上的养分，导致枝条形成褐色斑点，果实缺乏养分变小或落果。

形态特征

成虫：体长雌6.1～8.5mm，雄6.0～7.2mm；肩角间宽雌2.8～3.0mm，雄2.6～2.8mm；上肩角间宽雌5.2～6.4mm，雄4.3～5.4mm。雌成虫：中大型，体黑色，有刻点。头黑色，宽大于高，有刻点，密被细柔毛，混有白毛，基缘拱起。复眼灰白色。单眼黄褐色，位于复眼中心连线上方，彼此间距等于到复眼的距离。头顶下缘波状。额唇基侧瓣不明显，其长1/2～2/3伸出头顶下缘，顶端圆钝，有毛。前胸背板黑色，有刻点，被有柔毛和白色毛。前胸斜面宽大于高，倾斜，中脊全长均有；胝大而明显。上肩角三棱状，细长，长为基部间宽的3倍，伸向外上方，端部向后弯曲，顶端尖锐。肩角发达，三角形，端钝。后凸起从前胸背板后端生出，基部远离小盾片，略弯曲，在小盾片之上弯曲最高，后稍直伸向后下方，细长，三棱状，逐渐变细，端部靠近前翅外缘，顶端尖锐，伸达前翅臀角和顶角间的中部。小盾片完全露出，被白毛，长为宽的2倍。最明显的特征是胸部有白毛组成的6条宽纵纹，每侧3条，1条由前胸斜面起，通过上肩角内侧，到达后凸起基部；1条在上肩角下侧方，从头部延伸到小盾片；1条由复眼向后，通过胸侧到腹部。白条弧角蝉名称即由此来。前翅狭长，约为宽的3.5倍，基部革质区和前缘基半部红褐色，密被刻点。其余淡黄褐色，透明；5端室，2盘室，第1端室长约为宽的6倍；端膜狭。后翅白色透明，翅脉褐色，4端室。胸部两侧及腹部腹面密被白色毛。前足腿节、胫节均深褐色，后足腿节基部深褐色，端部1/4淡黄色。第2产卵瓣狭长，端钝。雄虫形态与雌性基本相同，但体较小。下生殖板端部2/3裂开，阳茎极弯曲，端部开口长。

生活习性

年发生代数尚不清楚，可在海南桑树上全年发生为害，目前种群密度较低。

防治方法

参照长瓣三刺角蝉。

白条弧角蝉及其为害状

第二章　　　　鞘翅目害虫

第一节　天牛科

天牛类属鞘翅目天牛科（Cerambycidae）。成虫体较长较大，触角长线状，着生于头鞘触角基突上，常11节，能向后置于背上。复眼肾形，并包围触角基部。前胸背板侧缘有侧刺突。鞘翅端缘圆形或凹切。跗节隐5节，第4节隐而小。腹部可见5节或6节。中胸常有发音器。幼虫乳白或淡黄色，头前口式；上颚锥状或齿状，前胸粗大，背板骨化并多粗糙颗粒。为害桑的天牛主要有5种，分别为桑天牛、拟星天牛、桑坡天牛、桑缝角天牛和桑小枝天牛。

桑天牛（*Apriona germari* Hope）

桑天牛（*Apriona germari* Hope），属天牛科沟胫天牛亚科（Lamiinae）。又名桑褐天牛、粒肩天牛、桑干黑天牛、桑牛、铁泡虫等。

寄主及分布

多种林木、果树的重要害虫，主要为害桑、无花果、山核桃、毛白杨等为害最烈，其次为柳、刺槐、榆、构、朴、枫杨、苹果、海棠、沙果、梨、枇杷、樱桃、柑橘等。我国主要分布在安徽、福建、甘肃、广东、广西、贵州、河北、黑龙江、河南、湖北、湖南、江苏、江西、辽宁、内蒙古、宁夏、陕西、山东、上海、山西、四川、香港、西藏、云南、浙江、海南等地。国外主要分布于柬埔寨、印度、韩国、老挝、马来西亚、缅甸、尼泊尔、巴基斯坦（西部）、泰国、越南。

为害特征

以幼虫钻蛀树干，成虫啃食树皮，留下不规则的疤痕，成虫亦可咬断嫩枝。寄主被害后，生长不良，树势早衰，影响桑叶和桑果产量，严重时整株枯死，木材利用价值降低。桑天牛为害，可以从树皮的产卵孔和幼虫通道观察到树脂渗出。与其他天牛为害相比，桑天牛的幼虫更容易被发现，因为当沿着树干的心材向下钻孔时，它们必须钻横向隧道以排出虫粪，留下一排虫粪在树干外。通常这些圆孔位于树干的同一侧，孔的直径和两个相邻孔之间的距离从树的顶部到底部逐渐增加。桑天牛成虫产卵于枝干上，产卵处被咬成"U"形伤口，幼虫在枝干内蛀食木质部，被害枝干上有一排几个或十几个排粪孔，往外排泄虫粪，严重者致枝干或整株枯死。

形态特征

成虫：典型的天牛形状，长26~51mm，宽8~16mm。体黑色，完全被橙棕色到黄绿色的毛覆盖。雌虫的触角比身体稍长，而雄虫的触角长度比身体长2段或3段。鞘翅基部密集黑色闪亮的结节状颗粒，占据前翅1/4~1/3的区域；鞘翅末端的内外端角显示出刺状凸起。

卵：5~7mm，椭圆形，黄白色，略微弯曲，前端较窄。

幼虫：幼虫无足，乳白色，当老熟幼虫完全生长时，长可达约76mm。头小，黄褐色，陷入前胸内。前胸较大，有一个赤褐色"小"形斑点，宽度可达13mm，前胸背板后半部密生赤褐色颗粒小点。幼虫一般3个龄期，刚孵化幼虫乳白色，后变为淡黄色。

蛹：纺锤形，黄色或黄白色，长50mm。触角向后延伸并在末端弯曲，翅到达第三腹节。

生活习性

该虫2~3年发生1代，以幼虫在枝干内越冬。树体萌动后开始为害，落叶时休眠越冬。成虫善于雨后活动，多在傍晚和早晨产卵，卵主要产在直径10~15mm的枝条表面，产卵前先将皮层咬成"U"形伤口，产1粒卵于其中，偶有4~5粒。每个雌成虫可产卵100~150粒，产卵约40d。卵孵化后，先向上蛀食枝条10mm左右，然后蛀入木质部向下蛀食，过一定的距离，就向外咬一圆形排粪孔，排粪孔多朝向一个方向，孔间距由上往下逐渐加长，短的有3~5cm，长的可达十几厘米以上，并不十分规则，孔的开口逐渐有所加大，隧道较直，排粪孔与上部孔道之间呈现一个弯角，而与下部孔道之间呈现一个直角，蛀道内有粪便，周围木质部变黑。老熟幼虫以木屑堵塞孔道两端于内化蛹，经2周羽化为成虫。凡枝干上有新鲜虫粪的蛀孔，就有幼虫在内为害。

防治方法

农业防治：修剪受害枝条，移除受害植株，集中烧毁，以降低虫源。在桑园附近铲除野生的构树。

物理防治：利用蚂蚁喜食特性，将植物油或蜂蜜、糖水用针管注入虫道内，吸引蚂蚁顺虫孔蜂拥而至。植物油、蜂蜜、糖水滑入虫道内，黏在虫体上，促使幼虫爬往洞外，被蚂蚁包围咬食，治虫率达95%，适宜三年生以下桑树桑天牛的防治。人工捕捉和杀死成虫；使用诱捕器诱杀成虫。

生物防治：利用天敌，如利用啄木鸟、马尾姬蜂等消灭天牛，有条件也可人工释放管氏肿腿蜂（天敌）。果桑可将球孢白僵菌注射到受害植株幼虫孔洞进行防治。

药剂防治：①浸药棉球塞蛀孔。将与虫孔直径大小相一致的药棉或废旧棉布用敌敌畏原液浸湿后，塞入天牛幼虫寄生的最下面蛀孔，养蚕桑园需在养蚕前5～7d进行。防治时间为幼虫开始活动到化蛹前，以4—5月最好。适用于受害树干高度较低、最新排粪孔高度在4m以下的林分，以方便操作为宜。该法可用于大面积防治作业。②打孔注药法。防治虫态为幼虫。对于林缘部及散生树木，在距地面1m以下（最好在靠近地面的部位）的树干周围，用打孔机、蛀干机或手工钻打孔，孔口向上倾斜，与水平面角成15°～45°，孔深2～3cm，孔径0.6～1.2cm，用注射器向孔内注入敌敌畏、辛硫磷药液，每孔2～4mL，然后用泥堵封孔眼。药剂可选择20%吡虫啉、16%虫线清等。在同一钻孔内，第1次注药7～10d后，实施第2次注药（以此类推），此方法需连续防治2年才能保证有明显的防治效果。③枝干喷药法。使用高压喷雾机或车载喷药防治设备，向受害树木的枝干等桑天牛喜产卵的部位喷施辛硫磷或敌敌畏乳油，以树皮微湿为宜，适合大面积防治。④药剂涂干、喷布。用80%敌敌畏、40%乐果乳油分别加水或柴油混合液30～50倍，用漆刷蘸药液涂刷蛀孔周围。忌全株涂刷，以免造成药害导致桑树死亡。此法应在春季发芽前、夏伐后或秋蚕结束后进行。

A. 成虫；B. 幼虫；C. 幼虫排出粪便及木屑；D. 幼虫为害树干；
E、F. 成虫为害嫩枝及症状

桑天牛及其为害状

拟星天牛（*Anoplophora imitator* White）

拟星天牛（*Anoplophora imitator* White），属天牛科（Cerambycidae）沟胫天牛亚科（Lamiinae）星天牛属（*Anoplophora*）。

寄主及分布

主要为害麻栎、板栗和桑。我国主要分布于广西、广东、海南、江苏、福建、江西、四川、贵州、湖北等地。

为害特点

以幼虫钻蛀树干，成虫啃食树皮。寄主被害后，生长不良，树势早衰，影响桑叶和桑果产量，严重时整株枯死，木材利用价值降低。

形态特征

成虫：体长24～26mm，宽8～12mm，形似星天牛，体黑色，略带紫色或蓝色光泽，并仅有淡黄或白色绒毛斑点，触角自第3节起每节基末和端末均有灰白色毛环。头部以颊侧的淡黄大毛斑最显著。额的前缘和两侧，上唇及上颚基部均有较密的淡色绒毛。前胸背板中区两侧各有一条阔直纹，常于中间间断。每一鞘翅上有10～15个毛斑，其中以中区的4～5个较大，亦最显著，靠中缝有3～4个，靠边缘有4～5个则最易消失。腹面绒毛稀密不一，常常形成很大的斑纹。雄虫触角一般为体长的1倍，雌虫超出体长约1/3。前胸背板中瘤显著，于中区侧瘤间有若干短皱纹粒状刻点，侧刺突末端尖锐。鞘翅上有极稀疏的褐色竖毛，沿中缝稍密，但也不易觉察；基部有时具有若干稀散的颗粒，有时缺如；刻点极细而稀，在肩部及肩下比较显著。

生活习性

该虫2～3年发生1代，以幼虫在枝干内越冬。树体萌动后开始为害，落叶时休眠越冬。成虫善于雨后活动，多在傍晚和早晨产卵，卵主要产在直径10～15mm的枝条表面，产卵前先将皮层咬成"U"形伤口，产1粒卵于其中，偶有4～5粒。每个雌成虫可产卵100～150粒，产卵40余天。卵孵化后，先向上蛀食枝条10mm左右，然后蛀入木质部向下蛀食，过一定的距离，就向外咬一圆形排粪孔，排粪孔多朝向一个方向，孔间距由上往下逐渐加长，短的有3～5cm，长的可达十几厘米以上，并不十分规则，孔的开口逐渐有所加大，隧道较直，排粪孔与上部孔道之间呈现一个弯角，而与下部孔道之间呈现一个直角，蛀道内有粪便，周围木质部变黑。老熟幼虫以木屑堵塞孔道两端于内化蛹，经2周羽化为成虫。凡枝干上有新鲜虫粪的蛀孔，就有幼虫在内为害。

防治方法

参照桑天牛。

拟星天牛成虫

桑坡天牛（*Pterolophia annulata* Chevrolat）

桑坡天牛（*Pterolophia annulata* Chevrolat），属沟胫天牛亚科（Lamiinae）坡天牛族（Pteropliini）坡天牛属（*Pterolophia*）。又称桑翅坡天牛、斑角坡天牛、轮纹锈天牛。

寄主及分布

寄主包括桑、马尾松、芒果、黑胡椒、木薯和桃，在海南主要为害桑树和芒果。分布范围广，国内包括黑龙江、吉林、辽宁、河北、河南、湖北、陕西、江苏、江西、浙江、福建、台湾、广东、香港、澳门、海南、湖南、广西、贵州、四川等地，国外主要分布于越南、日本、缅甸和朝鲜。

为害特点

以幼虫蛀空寄主枝干的木质部，被蛀虫道被其代谢物紧紧填塞。主要为害寄主较老和死亡的组织，为害率可达50％。

形态特征

成虫：体长10～18mm，黄褐色，体背面密被黑色、棕色、灰白色绒毛组成的花斑，腹面被灰色绒毛。触角自第4节起每节基部为灰白色。喙第2节短于第3节，第3节与第4节约等长。前胸背板长宽约等，无侧刺突。鞘翅基部有五边形淡色斑纹。

幼虫：老熟幼虫体长12～18mm，暗黄色，前端膨大，后端逐渐变细，无足，气门具缘室。头颅侧缘弧圆，中额线明显，额线前半部明显。侧单眼1对，色素斑黑色。触角3节。前胸背板前区近前缘有1条横带，密生短毛；后两侧沟间的骨化板乳白色，呈"凸"字形隆起。

生活习性

成虫具有趋光性。幼虫多蛀食茎干稍下部，在蛀道内化蛹，蛹具有蛹室。

防治方法

参照桑天牛。

A B C

A. 成虫；B. 幼虫及其为害状；C. 成虫为害状

桑坡天牛及其为害状

桑缝角天牛（*Ropica subnotata* Pic）

桑缝角天牛（*Ropica subnotata* pic）天牛科沟胫天牛亚科（Lamiinae）缝角天牛属（*Ropica*）。

寄主及分布

寄主主要为桑和胡桃。国内主要分布于黑龙江、吉林、河北、山东、河南、山西、湖北、江苏、江西、浙江、广东、香港、贵州和海南。

为害特点

以幼虫蛀食桑主干木质部并排出木屑。症状与桑坡天牛相似。

形态特征

成虫：小型天牛，体长5～9.5mm，体宽1.8～3.2mm，前胸无侧刺突，雄性触角较体稍长，雌性稍短。体红木色，绒毛棕黄、深黄或灰白色，疏密不一。疏处露出底色，形成较深的小斑点。触角或多或少杂有灰白色绒毛，自第8节起每节基、端缘较深，形成不很清楚的单色环纹。前胸背板有时中央具一条较深的纵纹，小盾片三角形，被棕黄色绒毛，中央呈褐色次圆形斑点。每鞘翅上在中部滞后，有一不规则弧形灰白色毛斑，此外还有若干淡灰色小刻点，一般分布于翅端部及中缝边缘上，有时不很明显。腹面灰色毛较多，特别是腹部和足上。额长方形近乎方形，复眼小眼面粒粗，上下两叶仅有一线相连，下叶与颊等长。触角第三节似较柄节或第4节略长；从第4节起，每节外沿有一纵沟纹，以第4节的较短，处于端部，其余各节的较长，贯通全节。前胸扁形，宽约等于长1/3，表面平摊，刻点粗密，无瘤状，前后横沟不明显，近乎缺如。鞘翅刻点粗密，排列成很不规则的直行，行距间无明显隆起，每刻点内生一根短绒毛。

生活习性

在海南年发生1代，4月上旬开始羽化并出现成虫高峰期。成虫具有趋光性，上午较活跃。幼虫多蛀食茎干稍下部，在蛀道内化蛹。

防治方法

参照桑天牛。

倍率：×30.0　　　　　　　　200μm　　　　　　倍率：×20.0　200μm

桑缝角天牛成虫及其为害状

桑小枝天牛（*Xenolea asiatica* Pic）

桑小枝天牛（*Xenolea asiatica* pic），属天牛科沟胫天牛亚科（Lamiinae）小枝天牛属（*Xenolea*）。

寄主及分布

桑小枝天牛，寄主主要为桑、杨、水杉和苦楝。国内主要分布于台湾、广东、香港、海南、广西、四川和云南，国外主要分布于越南、老挝、印度和日本。

为害特点

该虫以幼虫和成虫为害桑树半枯枝条皮下形成层，以后逐渐向内蛀食至木质部，最后蛀食到枝条髓部，即停止活动和取食。幼虫孵化后即取食半枯枝条皮下形成层，以后逐渐向内蛀食至木质部，最后蛀食到枝条髓部，即停止活动和取食。蛀食后的木屑排出孔道，既污染了环境，又降低了桑枝的实用价值。成虫为补充营养，啃食桑枝幼嫩皮层、叶柄，以啃食桑芽基部皮层的多，既影响芽的养分积累，又影响发芽率。成虫亦可啃食叶片，呈大小不规则的孔洞，成虫群食时，被害后整片桑叶卷缩失水而干枯，致使局部桑树构成为害，产量质量下降。

形态特征

成虫：体较细，体长5.5～9.2mm，宽2～4mm。棕红色，头部、前胸棕黑色，前胸及鞘翅具不规则的灰黄绒毛斑纹；复眼下叶宽大于长；翅端宽圆。触角8节，长11～15mm。足3对，复眼。全身灰色间有浅黄色不规则斑纹。有翅，善飞翔，且有趋光性。

卵：长椭圆形，淡黄色，长约1mm。

幼虫：乳白色，长6～9mm。13节，胸部3节。余为腹部，无足无尾角，在第一胸节背部有棕褐色硬皮板。在8～10节背面有疣状凸起。头部淡褐色，蛹乳白色，纺锤形，长5～7mm。

生活习性

该虫在海南一年可发生1～2代，1代为多数。以幼虫和成虫越冬，幼虫于3月下旬开始在蛀食孔道内化蛹，蛹期约20d，一代成虫在海南的羽化时间主要集中在5月上旬，羽化后即交尾产卵，成虫产卵于田间生长枝条皮层内，产卵时，用产卵器刺破树枝表皮，每处产卵1粒，产卵处枝条表皮稍稍隆起，有小孔如针眼。成虫寿命较长，为30d以上。卵期20d左右。第2代于9—10月间陆续羽化。

防治方法

人工防治：控制产卵场所，消灭中间寄主，伐条后将枝条及时沤制在池塘内，浸渍在水中，以避开成虫产卵期。有虫的枝条，浸渍可将虫杀死。

物理防治：利用成虫趋光性特性，在5月上旬开始采用黑光灯诱杀成虫；利用该虫有群集性及以桑田边缘为害为主的特性，可在桑园边缘进行人工捕捉，降低虫口密度，减轻其为害。

药剂防治：杀死早期幼虫，消灭虫源。可参照熏杀粮食害虫的办法。采用磷化片剂熏蒸，将砍伐枝条覆盖密封其内，一片磷化铝片剂可处理200kg枝条。也可采用25%敌敌畏乳剂毒杀部分幼虫。

A

B

A. 成虫；B. 成虫在桑枝上羽化及羽化孔

桑小枝天牛成虫及其为害状

第二节　小蠹科

小蠹虫属昆虫纲鞘翅目（Coleoptera）象虫总科（Curculionoidea）小蠹科（Scolytidae），按照食性分为两大类，树皮小蠹类和食菌小蠹类。虫体微小，体长1~9mm。触角折曲呈膝状，末端3节膨大，构成锤状部；翅脉简化。成虫和幼虫蛀食枝条韧皮部和木质部的边缘，通过钻蛀为害韧皮部，有的甚至破坏植株疏导组织导致树体衰弱，严重的造成死树。大多数种类侵入树皮下，种类不同，钻蛀坑道的形状也不同，是园林植物的重要害虫。为害桑的小蠹科害虫主要有相似方胸小蠹和稍小蠹2种。

相似方胸小蠹（*Euwallacea similis* Ferrari）

相似方胸小蠹（*Euwallacea similis* Ferrari）属鞘翅目象虫总科（Curculionoidea）小蠹科（Scolytidae）材小蠹族（Xyleborini）方胸小蠹属（*Euwallacea*）。

寄主及分布

相似方胸小蠹，寄主主要为麦珠子属、杜英属、橡胶树属、婆罗属、桑属等共29科62属。国内主要分布于海南等地，国外主要分布于越南、老挝和日本，喀麦隆、肯尼亚、毛里塔尼亚、毛里求斯岛、塞舌尔群岛、坦桑尼亚、波恩岛、缅甸、印度、安达曼群岛、约旦、马来西亚、尼泊尔、斯里兰卡、泰国、越南，金钟岛、澳大利亚、俾斯麦群岛、圣诞岛、斐济群岛、夏威夷群岛、印度尼西亚群岛、苏门答腊、基里巴斯群岛、马达加斯加、密克罗尼西亚、卡罗琳群岛、关岛、库西、马绍尔群岛、帕劳群岛、波纳佩、特鲁克、新喀里多尼亚，新几内亚、菲律宾群岛、萨摩亚群岛、所罗门群岛和大溪地群岛也有分布。

为害特点

该种类属于食菌小蠹，主要为害木质部，在木质部修筑坑道，但不取食植物机体，而是取食携带的真菌，多数种类是多食性的。排出的木屑呈牙签状，在木质部形成圆形排泄口。

形态特征

成虫：体长2.0~2.9mm，长为宽的2.7倍，雄虫略小一些，体长约1.8mm。体色较浅，红棕色。鞘翅斜面第1沟间部端部变宽，斜面后侧缘具弱的隆脊，每侧具有1个大的瘤，前足胫节具有8个以上的齿。雌性成虫的4粒方胸小蠹平均大约2.5mm长。

生活习性

在海南一年发生1代，发生高峰期在2月初到4月下旬。像其他食菌小蠹一样，其可在树干中挖掘通道。豚草真菌在这些通道中形成，并为幼虫提供主要食物来源。

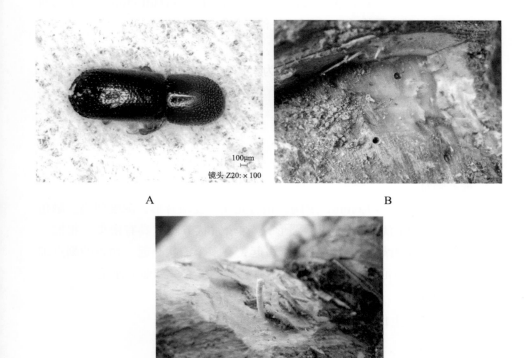

A. 成虫；B. 成虫在木质部的钻蛀孔；C. 排泄物

相似方胸小蠹及其为害状

防治方法

农业防治：冬伐后，及时清园，然后用菊酯类和有机磷药剂注射和喷洒剪伐后的枝干，并在剪伐口处用生石灰涂白。害虫发生田块，每次剪伐后及时采用相同方式处理。

药剂防治：春季2—5月为成虫活动和羽化盛期，发现树皮外有牙签状排出物和虫蛀孔时及时在枝干注射菊酯类和有机磷类药剂防治成虫和幼虫，注意避开养蚕期。

稍小蠹（*Cryphalus* sp.）

稍小蠹（*Cryphalus* sp.）属鞘翅目象虫总科（Curculionoidea）小蠹科（Scolytidae）稍小蠹族（Cryphalini）稍小蠹属（*Cryphalus*）。

寄主及分布

目前调查到，稍小蠹的寄主主要为桑，也为害棕榈叶柄。分布主要在海南临高和儋州。

为害特点

稍小蠹主要为害桑芽和桑枝皮层，也为害韧皮部，为害桑芽导致桑芽不能萌发，随后桑枝逐渐枯死。

形态特征

成虫：体长1.2~1.6mm，短阔，稍有光泽。复眼肾形，深度凹陷。触角锤状，锤状部侧面扁平，正面椭圆形，有4个索状节段，具有密集、粗糙、较钝的刚毛。前胸背板深棕色，球形弓起，有多个瘤状凸起。鞘翅的刻点细小，沟为一列，点心生小毛，沟间多列，各沟间部有一列竖立刚毛。

生活习性

在海南年发生1代，发生高峰期在2月初到4月下旬。

防治方法

物理防治：修除枯死的枝、干，在越冬成虫出蛰3月下旬至4月上旬前处理完毕。对桑柴要及时烧掉或用药处理后存放。可利用小蠹虫繁殖期趋半枯枝的习性，选用无小蠹虫为害的半枯枝7~8根为一束，诱集后集中处理。

生物防治：稍小蠹生活隐蔽，整个繁殖期在树皮底下，调查发现东亚小花蝽、土耳其扁谷盗等均可捕食梢小蠹，因此可饲养、释放天敌来防治。

　　药剂防治：桑树发芽前和养蚕结束后，当小蠹虫在枝干或芽处蛀食，但未全部进入孔穴时，用50%的敌敌畏乳油800倍液或80%的敌百虫粉剂600倍液喷洒。

A、B、C. 成虫；D. 卵；E、F. 幼虫及其在皮层内为害状；G. 为害后枯萎的芽；
H、I、J、K. 成虫和幼虫为害芽；L. 为害后从树皮排出的絮状物

稍小蠹及其为害状

第三节　象甲科

象甲类害虫属鞘翅目（Coleoptera）象甲科（Curculionidae）。成虫头前伸成喙管，喙端部具咀嚼式口器。体卵形、长形或圆柱形，体表常粗糙，或具粉状分泌物，体色暗黑或鲜明；触角膝状，10～12节，末端3节膨大；复眼凸出；跗节5节或拟4节。幼虫肥而弯曲多皱，乳白色或褐色；无胸足。为害桑的象甲主要有绿鳞象甲和长角象2种。

绿鳞象甲（*Hypomeces squamosus* Fabricius）

绿鳞象甲（*Hypomeces squamosus* Fabricius）属鞘翅目象甲科（Curculionidae）。又名绿绒象甲、大绿象甲、蓝绿象甲。

寄主及分布

寄主主要有桑、芒果、茶树、荔枝、龙眼、莲雾、柑橘、番石榴、菠萝蜜、杨桃、木瓜、咖啡、桃、橡胶等。主要分布于中国淮河以南，西自云南、贵州、四川，东至东部沿海、台湾，南至广西、广东、海南。

为害特点

以成虫啃食寄主幼芽、嫩叶以及嫩枝，甚至咬断新梢、花序梗和果柄，造成大量落花、落果。

形态特征

成虫：体纺锤形，长15～18mm，黑色，密被黄绿、蓝绿色具光泽鳞毛。头连同头管与前胸等长，额及头缘扁平，背中有一宽深纵沟，直至头顶，两侧还有浅沟。复眼椭圆形，黑色凸出。前胸背板前缘狭，后缘宽，中央具纵沟。小盾片三角形。鞘翅以肩部最宽，翅缘向后呈弧形渐狭，上有10列刻点。足的腿节中间特别膨大。雄虫腹部较小，雌虫较大。

卵：椭圆形，长1.2～1.5mm，黄白色。

幼虫：初为乳白色。老熟时体长15～17mm，淡黄色，头黄褐色，体稍弯，多横皱，气门明显，橙黄色，前胸及腹部第8节气门特别大，无足。

蛹：裸蛹。黄白色，体长约14mm。

生活习性

年发生1代，多以幼虫在根际土中越冬，亦有以成虫越冬者。翌年3月幼虫化蛹，越冬成虫出土活动。成虫取食数日后，进行交尾、产卵，可行多次交尾。产卵时沿叶缘用6足抱拢附近的两片叶，使其互相贴合后，将产卵管伸入两叶片合缝间的近叶缘处产卵，并分泌黏液将两叶片黏合，以保护卵粒。5—6月间出现幼虫，幼虫孵化后离叶钻入土中，在地下取食果树和杂草根系，7月底、8月初幼虫逐渐老熟，部分幼虫在土下30~60mm处做土室化蛹，土室长椭圆形，比蛹长1/3~1/2。9月部分幼虫羽化为成虫，尚有部分幼虫9月做土室以幼虫在土室中越冬。成虫具有假死性，受惊扰即下落，但立即爬起逃跑。在4—8月成虫盛发，直至12月均有成虫活动。成虫日间活动取食，晨昏潜伏丛下杂草、落叶或表土下，飞翔力弱。

防治方法

农业防治：结合耕锄、伏耕，耕翻土壤，秋末施基肥、破坏幼虫在土中的生存环境，冬季深耕破坏成虫的越冬场。

人工防治：利用成虫假死性，在早、晚温度较低时，采用人工振落成虫后收集捕杀；可于成虫盛发期，在为害较重的桑园内堆放4~5堆新鲜青草诱杀成虫。

生物防治：喷洒每毫升含0.5亿活孢子的白僵菌对该虫具有一定的防效，但注意蚕区不能使用。

药剂防治：成虫盛发期，在晴天上午8—9时，下午4—5时喷施90%敌百虫晶体、50%辛硫磷乳油1 000倍液，高效、低毒，速效性好，但注意避开养蚕期。

绿鳞象甲成虫及其为害状

长角象

长角象，具体种尚有待进一步鉴定，属鞘翅目（Coleoptera），长角象科（Anthribidae Billberg），长角象亚科（Anthribinae Billberg）。

寄主及分布

目前所发现的寄主为桑。国内已知主要分布于海南儋州和香港，国外分布不详。

为害特点

主要以幼虫为害桑树根和靠近地面的主干，亦可为害衰弱的枝条，在根部和主干形成直径约3mm的圆孔，排出细碎的木屑，木屑刚排出时发白，随后逐渐变为灰色。其为害直接造成桑树营养和水分运输受阻，地上部分衰弱至逐渐枯死。

形态特征

成虫：体长6.0～10.0mm，体壁黑褐色；背面被黑色毛，掺杂黄色和白色毛，形成黄色和白色毛斑，在翅端部1/3更为明显；腹面被白色毛。喙宽短。颜扁平，密生白色毛。触角着生于喙侧面，触角沟从背面看不见；触角11节，雄虫触角长于体长，雌虫触角短于体长且末4节结合紧密并膨大形成触角棒，末3节黑色。复眼黑色。前胸背板两侧无缘边；基部可见2条隆线，前一条隆线沿两侧并向前延伸几到侧缘中部；另一条隆线与基缘平行，延伸到前胸背板两侧。小盾片小，被白色毛。鞘翅两侧平行；刻点深，刻点列不明显。足被白色毛；跗节5节，第3节双叶状，每爪有1齿；前足基节窝后方关闭；前足、中足基节球形，相互靠近；后足基节长，横形。可见腹板5节，被白色毛。

卵：圆形，乳白色。

幼虫：乳白色，蛴螬型，弯曲成"C"形，头大，上颚具臼齿，下颚具合颚叶多皱纹。

生活习性

在海南年发生1代，4月上旬开始羽化并钻出树根和树干，留下直径近3mm的羽化孔。成虫具有假死性和趋光性，上午较活跃。

防治方法

农业防治：将田间枯死的桑树清理出园，集中烧毁。

物理防治：可利用其趋光性用灯光进行诱杀。

药剂防治：参照桑天牛。

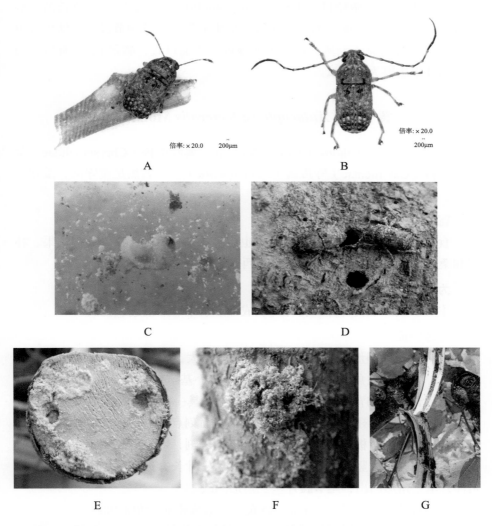

A.雌成虫；B.雄成虫；C.幼虫；D.成虫羽化孔；E.幼虫为害桑根（桑根横截面）；

F.为害桑根部后的排泄物；G.为害茎干中心髓部

长角象及其为害状

第四节 叶甲科

叶甲类害虫属鞘翅目叶甲科（Chrysomelidae）。成虫卵圆或长圆，触角线性不及体长，复眼圆而接近前胸，足跗节隐5节，第4节极小。幼虫蠕虫型，体表常有瘤突或毛丛，白、黄或绿色；头前口式，胸足4节，有爪。为害桑的叶甲主要为黄守瓜。

黄守瓜（*Aulacophora femoralis* Motsch.）

黄守瓜（*Aulacophora femoralis* Motsch.）属叶甲科（Chrysomelidae）萤叶甲亚科（Galerucinae）守瓜属（*Aulacophora*）。又名黑足黄守瓜、瓜守、黄虫、瓜叶虫、黄萤、瓜萤等。

寄主及分布

食性广泛，几乎为害各种瓜类，也为害芒果、柑橘、桃、梨、苹果、朴树和桑等。国内主要分布于河南、陕西、华东、华南、西南等地。

为害特点

主要以成虫取食叶片，将叶片咬成环形、半环形痕迹或孔洞。

形态特征

成虫：体长卵形，长6～9mm，后部略膨大，橙黄或橙红色。头部光滑无刻点，额宽，触角间隆起似脊。触角丝状，基节较粗壮，第2节短小，以后各节较长。前胸背板宽约为长的2倍，中央具一条较深而弯曲的横沟，其两端伸达边缘。鞘翅在中部之后略膨阔，翅面刻点细密。雄虫触角基节极膨大如锥形。前胸背板横沟中央弯曲部分极端深刻，弯度也大。鞘翅肩部和肩下一小区域内被有竖毛。尾节腹片三叶状，中叶长方形。雌虫尾节臀板向后延伸，呈三角形凸出，尾节腹片呈三角形凹缺。

卵：近球形，长径约0.7mm，淡黄色，表面密布六角形细纹。

幼虫：共3龄，体细长，圆筒形。成长幼虫体长约12mm，头褐色，胸、腹部黄白色，口器尖锐，腹部末节硬皮板为长椭圆形，向后方伸出，上有圆圈状褐色斑纹，并有纵向凹纹4条。臀板腹面有肉质凸起，上生微毛。

蛹：裸蛹，纺锤形，长约9mm，乳白色，头顶、腹部及尾端有粗短的刺。

生活习性

年发生约3代。成虫食性广，卵产于土面上。幼虫生活在土内，老熟幼虫在土中化蛹。

防治方法

农业防治：与莴苣、甘蓝或芹菜等蔬菜间作或套种，在茎基周围的土面上撒约1cm厚的草木灰、稻谷壳、锯木屑、糠秕等，以防止成虫在根部产卵和幼虫为害植株根部。

人工防治：利用其假死性，人工捕杀成虫。

药剂防治：幼虫可选用晶体敌百虫或辛硫磷乳油灌根。成虫可选用敌敌畏、敌百虫乳油等喷雾防治，注意避开养蚕期。

A 　　　　　　　　　　　　　　　　　　B

A. 成虫；B. 成虫为害状

黄守瓜及其为害状

第五节 金龟总科

金龟甲类害虫属鞘翅目金龟甲总科（Scarabaeoidea）。金龟甲总科是鞘翅目中一个大而独特的类群，通称鳃角类，以其触角端部3～8节向前侧延伸呈梢状或鳃片状而易于识别，此类昆虫一般统称金龟子。金龟子头部常较小，多为前口式，后部伸入前胸背板，口器发达。前胸背板大，通常宽大于长，侧缘多少呈弧形，多数类群有显著的小盾片，亦有不少属类的小盾片缺如。足开掘式，跗节5节，有极少数种类跗节少于5节，仅4节或3节。为害桑的金龟子主要为中国台湾豆金龟。

台湾豆金龟（*Popillia taiwana* Arrow）

台湾豆金龟（*Popillia taiwana* Arrow），属金龟总科（Scarabaeidea）丽金龟科（Rutelidae）弧丽金龟属（*Popillia*）。

寄主及分布

主要为害桑、棉花、玉米、高粱、大豆、月季、黑梅、玫瑰、芍药、合欢、板栗、苹果、猕猴桃等。分布除新疆、西藏、青海未见报道外，广布全国各地。

为害特点

主要以成虫群集为害嫩叶、花，致受害花畸形或枯萎凋亡，叶片取食成孔洞。

形态特征

成虫：成虫体长8~11mm，翅鞘为鲜艳的褐色，有不明显的纵向沟纹，部分个体具黄褐色的条状斑纹，前胸背板绿色或褐绿色，有强烈的金属光泽，腹部末端外露有2枚白色三角斑毛发。前胸背部及小盾片为绿色，翅不及腹端。

卵：近球形，乳白色。

幼虫：弯曲呈"C"形，头黄褐色，体多皱褶，肛门孔呈横裂缝状。

蛹：裸蛹，乳黄色，后端橙黄色。

生活习性

年发生约3代。成虫食性广，卵产于土面上。幼虫生活在土内，老熟幼虫在土中化蛹。

防治方法

人工防治：利用其假死性，人工捕杀成虫。

物理防治：利用其趋光性，用黑光灯进行诱杀。

药剂防治：可选用敌百虫晶体、敌敌畏乳油等喷雾，注意避开养蚕期。

中国台湾豆金龟成虫及其为害状

第六节 芫菁科

芫菁科昆虫体一般为中型，长圆筒形，黑色或黑褐色，也有一些种类色泽鲜艳。头下口式，与身体几成垂直，具有很细的颈。触角11节，丝状或锯齿状。前胸一般狭于鞘翅基部，鞘翅长达腹端，或短缩露出大部分腹节，质地柔软，两翅在端分离，不合拢。足细长，跗节5-5-4，爪纵裂为2片，前足基节窝开放。本科昆虫具复变态。为害桑的芫菁主要为眼斑芫菁。

眼斑芫菁（*Mylabris cichorii* Linnaeus）

眼斑芫菁（*Mylabris cichorii* Linnaeus）属多食亚目（Polyphaga）、拟步甲总科（Tenebrionoidea）芫菁科（Meloidae）。又称横纹芫菁、黄黑小斑蝥。

寄主及分布
主要为害桑树叶片、芽和花，木槿、扶桑花、金露花等花瓣，瓜类、豆类、苹果的花以及番茄、花生的叶子。分布于平地至低海拔山区，我国分布广泛，国外主要分布于越南和印度。

为害特点

主要以成虫为害寄主叶片、嫩芽和花，将叶片吃成缺刻，仅剩叶脉。

形态特征

成虫：体长11～15mm，头部及前胸背板黑色，前胸背板长椭圆形具刻点，鞘翅底色黑色具3条宽大的横带，其中近基部处的横斑左右相连，中央不具有黑线。外观近似大横纹艳芫菁，但本种体型比较小，前翅基部的黄斑左右不相连。

卵：椭圆形，受精卵均呈黄色，未受精呈淡黄色。

幼虫：1龄幼虫蛞型，2龄幼虫步甲型，3～4龄幼虫均为蛴螬型，5龄幼虫（假蛹）为象甲型，不食不动，呈休眠状态，6龄幼虫又呈蛴螬型，最后化蛹。

生活习性

年发生1代。以卵越冬，翌年4月下旬至5月下旬陆续孵化，卵经263～275d才孵化。在海南7月中旬为成虫高峰期。幼虫发育历期为29～58d。1龄幼虫行动敏捷，爬行力强，为捕食性，多潜入田边、地角荒埂的薄土层里取食，可捕食蝗虫卵，发育到5龄虫才掘穴入土定居，一直到羽化。成虫取食后多群集在禾本科植物或杂草顶端或叶背面。雌雄性比为1.09∶1，交配机遇较大。交配前约1h停止进食，飞翔寻偶。雄性较活跃，雌性多是寻找固着物后便停留下来，等待雄虫前来交配。交配时间多在14时到零时，交配次数一般1～2次，也有3～4次的。交配间期最短1d，长14d。随气温的上升，湿度的下降而交配活动逐渐减弱。交配后10～15d产卵。产卵前雌虫用口器和足掘一土穴，深17～35cm，多呈葫芦状，与地面成80°～90°角。掘穴多在9—20时，14—18时最盛。每掘一穴需60～90min。卵穴掘成后，雌虫便将尾部伸入穴内产卵。产完卵后，随即用足推土将洞口掩盖起来，然后才离去，产卵历时60～70min，最长达7h以上。成虫多在第1次交配后产卵，大多产卵1次，也有产3～4次的，产卵期25～40d。湿度对孵化影响很大，过干过湿均有损于胚胎的发育。相对湿度高于80%，卵易被霉菌感染，低于50%，卵极易失水而变得干瘪，孵化率极低，甚至不能孵化。

防治方法

农业防治：加强桑园管理增施有机肥，合理灌溉，增强树势，提高树体抗病力；科学修剪，剪除病残枝及茂密枝，调节果园通风透光，结合修剪，清理桑园；中耕除草松土，维持桑园清洁。未腐熟的牛粪、猪粪、鸡粪及人粪尿等农家有机肥不能直接施入桑园，必须经过集中腐熟再施。

人工防治：该虫成虫颜色鲜艳，田间容易发现，可进行人工捕杀成虫，在早上或下午振动树干，待害虫落下后，及时拾起装入水瓶，集中杀灭。

物理防治：在桑园内每隔10m悬挂或放置1个糖醋液瓶诱杀害虫，糖醋液配比为红糖1份、醋4份、水15份。将收集的成虫捣烂，用清水浸泡后，滤渣，用浸泡液喷树体，可防成虫再次为害。根据其趋光性，用紫光灯诱杀成虫，每3.33hm²安置紫光灯1盏。人工捕捉。

药剂防治：发生较重的桑园，可用敌百虫晶体、敌敌畏乳油等较低毒的药剂进行喷洒防治，发生严重时，地面也需用药喷雾后浅锄，毒杀潜伏出入土中的成虫。注意避开养蚕期。

眼斑芫菁成虫及其为害状

第四章　缨翅目害虫

蓟马属缨翅目（Thysanoptera）蓟马总科（Thripoidea）。虫体细长微小，头胸发达，锉吸式口器。翅狭长，缘毛缨状并列齐密。体末锥状，腹面纵裂，产卵器锯形下弯。足跗端泡状。为害桑的蓟马主要为茶黄蓟马。

茶黄蓟马（*Scirtothrips dorsalis* Hood）

茶黄蓟马（*Scirtothrips dorsalis* Hood）属缨翅目蓟马总科蓟马科（Thripidae）。又称茶叶蓟马、茶黄硬蓟马。

寄主及分布

寄主主要有桑、芒果、茶树、香蕉、柑橘、葡萄、草莓、花生和月季等。国内分布于广东、广西、海南、云南、贵州、四川、福建和台湾等地。

为害特点

以成、若虫为害寄主嫩梢、花穗，引起叶片畸形、落花落果，为害生长中后期果实，造成果实粗皮等。

形态特征

成虫：体长约1.0mm，黄色至橙黄色，头宽约为长的1.8倍，复眼灰褐色，稍凸出，单眼3个鲜红色，触角8节，淡褐色，约为头长的3倍，前胸宽为长的1.5倍，后缘角有粗短刺1对。前翅狭长灰色透明，翅缘多细毛。

卵：肾形，长约0.2mm，乳白至淡黄色，半透明。

若虫：初孵时白色透明，长约0.25mm，复眼红，触角粗短，头胸长为体长之半，胸宽于腹。2龄长0.5～0.8mm，淡黄至深黄，触角暗灰，基节淡黄，中、后胸与腹部等宽，头胸长略短于腹部。体较短，且无翅。

前蛹：即3龄若虫，黄色。复眼灰黑，触角第1～2节大，第3节小，第4～8节渐尖。翅芽白而透明，伸达第3腹节。各腹节侧齿缘有一白鬃。

蛹：即第4龄若虫，黄色。复眼前半红，后半黑褐，触角紧贴体背，翅芽前期长达第4腹节，后期达第8腹节。

生活习性

年约发生10代，世代重叠，在发生区无明显越冬现象。各虫态历期分别为：卵5~8d，若虫4~12d，蛹2~5d，成虫10~20d，产卵前期2~4d，在广东省以9—11月发生最多，为害最重，其次是5—6月。成虫活泼，受惊即飞。对绿、黄绿趋性明显。成虫产卵于叶背叶肉内，若虫孵化后即在叶背取食活动，以2龄时取食最多，3龄停食成前蛹，4龄化蛹。

防治方法

农业防治：加强梢期肥水管理，促使植株放梢整齐，并应加强控制冬梢、春梢。也可采用抗性品种，做好肥培管理，清洁果园，提高耐害能力并压低虫口基数。

物理防治：利用茶黄蓟马对黄或黄绿色的趋色性，用黄板涂机油等诱集粘杀。

生物防治：茶黄蓟马的天敌主要有捕食螨、蜘蛛和瓢虫等，应注意保护利用。

药剂防治：发现此虫为害时可喷洒甲维盐或螺虫·吡丙醚，要选择上午10时前和傍晚时分，全株喷雾，均匀喷施叶片的正反面，5d后再次补防一次。但必须注意，养蚕区慎用。蓟马易产生抗药性，药剂需交替使用，以延缓害虫产生抗药性。

| A | B | C |

A.若虫；B.为害桑芽和嫩梢；C.为害叶片

茶黄蓟马及其为害状

第五章 直翅目害虫

第一节　蝗总科

蝗总科害虫体小至大型，头部短阔，触角短，不超过体长，口器咀嚼式；前胸背板较发达，覆盖在胸部背面和两侧；前翅狭长，革质较厚，后翅宽大，膜质，静止时隐藏在前翅之下，在少数种类中前后翅退化；后足强大，适于跳跃；腹部圆柱形，较明显，在第1腹节背板两侧具有1对鼓膜器。为害桑的蝗虫主要有5种，分别为斑腿蝗科（Catantopidae）的棉蝗、红褐斑腿蝗、短角异斑腿蝗、印度黄脊蝗和锥头蝗科（Chrotogonidae）的短额负蝗。

棉蝗（*Chondracris rosea rosea* De Geer）

棉蝗（*Chondracris rosea rosea* De Geer）属蝗科（Locustidae），斑腿蝗科（Catantopidae）刺胸蝗亚科（Cyrtacanthacridinae）棉蝗属（*Chondracris*）。又名大青蝗、台湾大蝗。

寄主及分布

食性较杂，寄主主要有桑、芒果、腰果、柑橘、可可、橡胶、木麻黄、榄仁树、刺槐、抽木、相思树、竹类、棉花、甘蔗、水稻等。国内主要分布于海南、广东、广西、云南、江西、福建、台湾、山东、陕西、江苏、浙江、湖北、四川、贵州、湖南、安徽、内蒙古等地，国外主要分布于缅甸、斯里兰卡、印度、日本、印度尼西亚、尼泊尔、越南、朝鲜。

为害特点

具有一定的群聚为害习性。以若虫（蝗蝻）和成虫咬食寄主叶片，使叶片呈缺刻状或仅剩叶脉。

形态特征

成虫：体大型，粗壮，雄虫体长48～52mm，雌虫体长56～77mm。体绿色，头顶中部、前胸背板沿中隆线以及前翅臀脉域具有黄色纵条纹。后翅基部玫瑰红色。背面具粗大刻点，前胸背板粗糙，中隆线隆起很高，呈屋脊状，侧观呈弧形，3条横沟均明显割断中隆线，缺侧隆线。中胸腹板侧叶及中隔均长大于宽，后足股节上侧中隆线具细齿。

卵：卵粒长筒形，中间略粗，上端较平，初产时黄白色，后变为黄色。卵粒上有柱状白色泡状物，卵粒与卵囊纵轴呈放射状近平行交错排列。

若虫：深绿色，共6龄。翅芽随龄期发生变化，至6龄翅芽三角形盖及听器，触角节数亦不断增加。

生活习性

该虫在海南年发生1代，以卵在土中越冬。翌年4—5月开始孵化为害，卵的孵化率高达98%。成虫取食10～15d后开始交尾，交尾一般持续5～7d，有多次交尾习性。产卵多选择在沙质较硬实、阳光充足的疏林地或林间隙地交接的林缘产卵，产卵穴深70～100mm。每雌一生产卵1～3块，先产的卵粒多，后产的卵粒少。产卵7～10d后开始陆续死亡，棉蝗亦可行孤雌生殖。成虫寿命一般为25～45d。若虫6龄，1～2龄蝗蝻群聚性强，食量小，3～4龄后群聚性逐渐减弱，食量逐渐增加，开始分散取食。棉蝗食量大，在干旱月份，可通过大量取食以补充水分。

防治方法

农业防治：中耕深翻灭卵。

人工防治：虫口密度较低时可在清晨露水未干时人工捕捉蝗蝻和成虫。

生物防治：棉蝗的天敌有鸟类、寄生蝇、螳螂、豆芫菁幼虫、线虫等，应注意保护和利用。另外，蝗虫微孢子虫、蝗虫霉（*Entomophaga grylli*）、棉蝗簇孢霉（*Sporothrix chondracis* B. Huang）均对棉蝗有一定的控制作用，可在果桑园中选择应用。

药剂防治：虫口密度大时可用药剂防治，但要掌握在蝗蝻期进行防治，幼蝻期可用3%敌百虫粉粉剂喷粉。注意避开养蚕期。

棉蝗若虫及其为害状

印度黄脊蝗（*Patanga succincta* Johan.）

印度黄脊蝗（*Patanga succincta* Johan.），属直翅目斑腿蝗科（Catantopidae）刺胸蝗亚科（Cyrjtacanthacridinae）黄脊蝗属（*Patanga*）。

寄主及分布

食性杂，迁移性大，寄主广泛，主要为害水稻、甘蔗、玉米，亦可为害芒果、腰果、无花果、香蕉、番石榴、菠萝蜜、柑橘、椰子、柿树、桑、枣树等果树，橡胶树、木麻黄、草海桐、木棉、棉花、烟草、鱼尾葵、棕榈等经济作物，大豆、绿豆、黄瓜、芥菜、甘薯、姜等农作物。我国主要分布于海南、福建、台湾、广东、广西、贵州、云南、江西等地。国外主要分布于巴基斯坦、印度和马来群岛。

为害特点

是近50年来东南亚一带重要有害蝗虫之一。以成虫及若虫取食寄主叶片、嫩梢，可把叶片咬成缺刻，甚至食光叶片，影响作物生长发育。

形态特征

成虫：体型大，较狭长，淡黄褐色或黄褐色。头大，短于前胸背板。头顶宽短。颜面侧观微向后倾，颜面隆起两侧缘几乎平行，具纵沟。复眼长卵形。触角丝状，不到达或刚到达前胸背板的后缘。前胸腹板突圆柱状，略向后倾，顶端尖。前胸背板前缘和后缘呈圆弧形凸出；沟前区狭于沟后区，中隆线低、细，被3条横沟割断；后横沟近位于中部，沟前区与沟后区近于等长；缺侧隆线。头部的后头、前胸背板沿中隆线处具黄色纵条纹，此条纹向后延伸至前翅的臀脉域。前胸背板侧片的中部和底缘具黄色条纹。中胸腹板侧叶长大于宽，侧叶间之中隔较宽。后胸腹板侧叶在端部毗连。前翅狭长，常超过后足胫节的中部，长为宽的6.5～7.4倍。前翅缘前脉域黄色，中脉域黄色常具有黑色斑点。后翅基部本色或紫红色。后足股节匀称，长度为其宽度的5.3～5.8倍，内、外侧黄褐色，沿中隆线具黑色纵条纹，上侧中隆线中部的细齿较稀少，上膝侧片暗褐色。后足胫节黄褐色，无外端刺，内缘具刺10～11个，外缘具刺8～9个。跗节黄褐色，爪间中垫大，常超过爪的顶端。雄性肛上板长三角形，基部具纵沟，两侧缘具凸起，后缘中央呈钝角状凸出。尾须从侧面观，基部宽，顶端缩狭，略向上和向内弯曲，顶端钝圆形，微下曲。下生殖板长锥形，顶端尖。阳具基背片桥状部狭，锚状突及前突不明显；后突小，冠突呈片状，顶端尖。雌性产卵瓣短粗，顶端钩状，上产卵瓣的上外缘缺细齿。

生活习性

年发生1代，以成虫越冬。卵期约42d，蝻期经历42～84d，成虫期可达270d。成虫飞翔能力强，迁移速度快，对逆境因子抵抗力强。

防治方法

参照棉蝗。

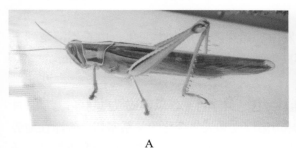 

A   B

A. 成虫；B. 若虫

印度黄脊蝗及其为害状

红褐斑腿蝗（*Catantops pinguis* Stål）

红褐斑腿蝗（*Catantops pinguis* Stål）属直翅目斑腿蝗科（Catantopidae）斑腿蝗亚科（Catantopinae）斑腿蝗属（*Catantops*）。

寄主及分布

寄主广泛，为害桑、芒果、荔枝、龙眼等果树及多种农作物和蔬菜。分布广，遍及全国。

为害特点

以成虫和若虫取食桑树叶片、嫩梢、嫩芽、花和果穗，为害轻时产生缺刻，为害重时植株叶片被取食精光，失去价值。

形态特征

成虫：体型中等，较粗壮，黄褐色。前胸背板向后逐渐扩大，中隆线低而明显，缺侧隆线，3条横沟均明显割断中隆线；前胸腹板突圆柱形，中胸腹板侧叶宽大于长；后足股节粗壮，上侧中隆线具细齿，膝侧片顶端圆形。后胸前侧板具一条淡黄色斜纹，后足股节上侧外缘具两个黑斑，上侧内缘具3个黑斑，膝前部具有1小黑斑。

卵：卵囊近长圆形，直或略弯曲，卵室部分较粗，卵囊长28.5～39.0mm、宽4.5～7.0mm，无卵囊盖。卵室上泡沫状物质较多，形成长泡沫状物质柱；卵室内泡沫状物质较少，包围卵粒，卵室内有卵粒24～41粒，与卵囊纵轴近平行，呈不规则多层堆积排列。卵粒较直立或略弯曲，中部较粗，长4.0～5.6mm，宽1.2～1.5mm，土黄色或粉红色，卵壳厚而坚硬，表面粗糙。

若虫：共6龄，体色浅绿发白。翅芽随龄期发生变化，由看不清楚到三角形盖及听器，触角节数亦不断增加，从10～24节，体长9.5～16mm。

生活习性

红褐斑腿蝗在海南1年发生1～2代，终年可见。以卵或成虫越冬，翌年3月初开始孵化。蝗卵孵化早晚与环境温湿度和天气变化等关系密切，蝗卵在地势高、排水良好的地块发育快、出土早，反之则慢、出土晚。低龄若虫扩散、迁移能力弱，距离短，高龄若虫扩散、迁移能力强，成虫不远距离迁飞。

防治方法

农业防治：中耕深翻灭卵。

生物防治：保护鸟类、青蛙、螳螂等天敌。

药剂防治：参照棉蝗。

红褐斑腿蝗成虫及其为害状

短角异斑腿蝗（*Xenocatantops brachycerus* Will.）

短角异斑腿蝗（*Xenocatantops brachycerus* Will.）又名短角外斑腿蝗，属斑腿蝗科（Catantopidae）斑腿蝗亚科（Catantopinae）外斑腿蝗属（异斑腿蝗）（*Xenocatantops*）。

寄主及分布

寄主主要有桑、芒果、茶树、水稻、小麦、甘蔗、甘薯等。分布于海南、广东、云南、四川、贵州、福建、台湾、江苏、浙江、湖北、河北、陕西、甘肃等地。

为害特点

以蝗蝻和成虫咬食桑树叶片，使叶片呈缺刻状或仅剩叶脉。

形态特征

成虫：体中小型，粗壮。后足股节外侧具2个黑斑，内侧具4个黑斑。前胸腹板突钝锥形，顶端宽圆，微向后倾斜。中胸腹板侧叶间之中隔在中部缩狭。体色一般为褐色或暗褐色，后胸前侧片具有淡黄色纵条纹，后足胫节橙红色。前翅褐色，较短，刚到达或略超过后足股节的端部，其超出部分不及前胸背板长度之半，具黑褐色细碎斑点，后翅透明。雄性肛上板三角形，基部一半具明显的纵沟，下生殖板锥状。

若虫：有绿色与褐色两种体色，绿色型为草绿色布满淡色斑，后足股节亦绿色，褐色型与成虫极其相似，但股节上黑色较深。

生活习性

在海南1年发生1代，4月初孵化，终年可见。

防治方法

参照棉蝗。

短角异斑腿蝗成虫及其为害状

短额负蝗（*Atractomorpha sinensis* I. Bol.）

短额负蝗（*Atractomorpha sinensis* I. Bol），又称小尖头蚱蜢、中华负蝗、尖头蚱蜢，属锥头蝗科（pyrgomorphidae）负蝗亚科（Atractomorphinae）负蝗属（*Atractomorpha*）。

寄主及分布

食性杂，寄主广泛，主要为害桑、芒果、荔枝等果树，水稻、玉米等农作物及茶树、多种花卉等。国内主要分布于北京、河北、山西、上海、江苏、浙江、安徽、福建、江西、山东、河南、湖北、湖南、广东、广西、海南、四川、贵州、云南、陕西、甘肃、青海、台湾等地。国外主要分布于日本和越南。

为害特点

以成虫及若虫取食寄主叶片。低龄若虫在果园地表杂草中取食，高龄若虫和成虫取食叶片、花，甚至幼果。取食叶片在叶表面留下表皮，也可把叶片咬成缺刻甚至把叶片吃光，影响生长发育，降低产量及叶片质量，养蚕则影响蚕茧产量。

形态特征

成虫：体中小型，绿色或褐色。头圆锥形，头顶较短，颜面向后倾斜，触角狭剑状，前胸背板侧片近后缘具有膜区。后翅较长，一般略短于前翅，后翅基部玫瑰红色。前胸背板宽平，具少数颗粒；侧片后缘具较深的凹陷，后下角呈锐角形向后突出。雄性下生殖板端部呈圆形，雌性产卵瓣粗短。

卵：长圆筒形，端部钝圆。长4.5~5.0mm，宽1.0~1.2mm。卵囊褐色，卵块长14~25mm，卵粒斜列于卵囊内成4纵行。日平均气温23.5℃时，卵历期平均9.8d。

若虫：共6龄。体淡绿色，布白色斑点，触角末节膨大，色较其他节深。复眼黄色。

生活习性

在海南年发生2代，以卵和成虫越冬。3月初开始孵化，4月下旬一代若虫陆续羽化，7月上旬至8月底第2代若虫陆续孵化，成虫终年可见，干旱年份发生严重。短额负蝗活动范围较小，不能远距离飞翔，多善跳跃或近距离迁飞。成虫羽化后2~3h取食，并进入暴食阶段。成虫羽化后5~13d开始交尾，交尾后5~7d开始产卵，每头雌虫产1~4块，每块卵块含卵粒30~60粒。成虫喜在高燥、向阳坡、地埂、渠埂、沟边、植被覆盖度20%~50%的地方产卵。最适土壤为5cm深，土壤含水量15%~25%。初孵若虫有群集性，2龄以后分散为害。交尾时雄虫在背上随雌虫爬行数天而不散，故而得名"负蝗"。

防治方法

农业防治：清理周围的杂草，减少短额负蝗的栖息场所。结合桑园管理，铲除田埂1寸深草皮，晒干或沤肥，以杀死蝗卵。

生物防治：三突花蛛（*Misumenops tricuspidatus* Fabricius）和星豹蛛（*Pardosa astrigera* L. Koch）对短额负蝗具有一定的捕食作用，应注意保护利用。

药剂防治：在短额负蝗若虫发生高峰期用药防治。药剂可选用无公害农药，如1.8%阿维菌素乳油2 000～4 000倍液、0.5%苦参碱水剂500～1 000倍液，注意避开养蚕期。

A   B

A. 雌雄成虫（绿色型）；B. 雌成虫（褐色型）

短额负蝗及其为害状

第二节　螽斯总科

螽斯总科（Tettigonioidea）害虫一般小至大型，雄虫前翅具有发音器，可发出不同鸣声，因此鸣声也是螽斯类昆虫的分类特征之一，发音器通常位于前翅基部，具有发育完全的Cu_2脉和镜膜。触角丝状，细长，通常超过体长；听器位于前足胫节基部和前胸侧部。后翅多稍长于前翅，也有短翅或无翅种类。雌性产卵瓣发达，通常有6瓣，刀状或剑状。为害桑的螽斯主要为掩耳螽。

掩耳螽（*Elimaea* sp.）

掩耳螽（*Elimaea* sp.）属露螽科（Phaneropteridae）。

寄主及分布
寄主主要有桑、芒果、荔枝等。已知分布于海南。

为害特点

以若虫、成虫取食嫩叶。雌成虫产卵于当年生的枝杆上，深达枝杆的髓部。卵孵化后枝条产卵处暴裂，极易被风吹折。

形态特征

成虫：体绿色，较细长。触角丝状，细长，长于后翅末端，基节基部黄绿色，端部及转节红色，其余各节基部暗褐色，端部红褐色。复眼卵圆形凸出。前胸背板中隆线、头顶中线及其两侧具红色窄纹。前翅明显短于后翅，末端较尖，其长度明显超过后足股节膝部，肘脉域外缘呈橘黄色。前中足浅红色，后足股节绿色，胫节黄绿色。

生活习性

1年发生1～2代，白天光线充足时较活跃。

防治方法

农业防治：冬春结合桑园管理剪除着卵枝集中晒干或烧毁。

人工防治：利用若虫聚集为害特性进行人工捕杀。

生物防治：该虫卵期有蜂寄生，若虫和成虫期可为广腹螳螂和鸟类捕食，蜘蛛也可捕食若虫，应注意保护和利用自然天敌。

药剂防治：要加强监测，掌握若虫期进行防治，在防治其他害虫时就可兼治。

掩耳螽成虫及其为害状

第六章	蜱 螨

蜱螨（Arari，Acarina）属蛛形纲（Arachnoidea）蜱螨亚纲（Acari），是一类小型节肢动物，体卵圆或长形，身体基本结构可分为颚体（又称假头）与躯体（头胸腹融合而成）两部分，无翅及触角，幼螨具足3对，若螨和成螨具4对足。体长多在1mm以下，大的可达数毫米。为害桑的蜱螨主要为叶螨科（Teranychidae）的桑始叶螨、二斑叶螨、朱砂叶螨和东方真叶螨4种。

桑始叶螨（*Eotetranychus suginamensis* Yokoyama）

桑始叶螨（*Eotetranychus suginamensis* Yokoyama）属叶螨科（Tetranychidae）叶螨亚科（Tetranychinae）始叶螨属（*Eotetranychus*）。

寄主及分布

寄主主要为桑。已知分布于海南、浙江、江苏、贵州、四川、山东、陕西等省。国外主要分布于日本。

为害特点

以成、幼、若螨在叶背吸食汁液，成螨在叶脉处结网形成小室并产卵其中，幼螨孵化后主要在小室内生长发育和取食，导致叶片沿叶脉形成星星密布似的白色小点，严重时形成白色条斑，后期呈褐色，叶面逐渐发黄，全叶干枯脱落，结果期缩短，产量降低。

形态特征

成虫：体小型，黄绿色。雌成螨体长约0.4mm，长椭圆形；雄螨长约0.35mm，纺锤形，背面两侧具暗绿色污斑，前体部背面具2对红色球状单眼和刚毛3对；雌螨后体部具5横列刚毛，依次为3对、2对、2对、2对、1对，共20根，雄螨依次为3对、2对、2对、2对、2对，共22根。足各节短，雌螨爪4分叉，雄螨爪2分叉。

· 116 ·

卵：圆球形，直径约0.1mm，初产时透明，后变浅黄色。

幼螨：3对足，体长约0.15mm，初孵化时乳白色，逐渐变为黄绿色。

若螨：4对足，前若螨体长约为0.2mm，后若螨体长约为0.25mm，体色均为黄绿色。

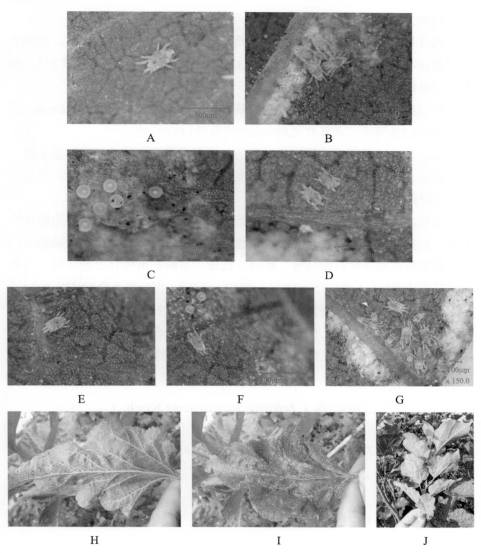

A.雌成螨；B.雄成螨等待正在羽化的雌成螨；C.卵；D.幼螨；E.前若螨；F.后若螨；
G.各龄螨群集叶背面叶脉处为害；H.为害后叶片背面；I.为害后叶片正面；J.整体为害状

桑始叶螨及其为害状

生活习性

在海南年发生超过20代，世代重叠。沿叶脉交叉处吐丝结网，并在其中取食产卵，卵发育起点温度为8℃，最适25~26℃，湿度为60%。高温干旱有利于其种群的增长，降雨和大风显著降低其种群数量。

防治方法

选择抗性品种：不同桑树品种对桑始叶螨的抗性存在显著差异，如桐乡青对桑始叶螨具有显著抗性，而湖桑32却十分敏感。在海南，抗青283、抗青10对桑始叶螨具有较好抗性，因此，可根据情况选择种植。

种苗处理：育苗栽培时，可在移栽前用药剂浸泡种苗根部5~10min，药剂可选用1.8%阿维菌素乳油或40%毒死蜱乳油1 000倍液。

农业防治：收获后清除田间、路边、渠旁杂草及枯枝落叶，耕整土地，减少螨源。合理灌溉和增施磷肥，加强健身栽培，提高抗螨害能力。注意修剪，以降低螨源。

生物防治：保护和利用天敌。桑始叶螨的天敌种类丰富，主要为捕食性天敌，如具瘤神蕊螨、长毛钝绥螨、德氏钝绥螨、异绒螨、拟小食螨瓢虫、深点食螨瓢虫和塔六点蓟马等，螳螂、蜘蛛、草蛉亦可捕食桑始叶螨。当田间的益害比为1:（10~15）时，一般在6~7d后，害螨将下降90%以上。

药剂防治：加强螨情监测，当点片发生时即进行挑治，药剂可选用克螨特杀幼螨、若螨和成螨，NH-73杀卵效果好，可联合使用。初期发现中心螨株要重点剿灭，并适时更换药剂品种，防止产生抗性。注意避开养蚕期。

二斑叶螨（*Tetranychus urticae* Koch.）

二斑叶螨（*Tetranychus urticae* Koch.）属叶螨科（Tetranychidae）叶螨亚科（Tetranychinae）叶螨属（*Tetranychus*）。

寄主及分布

二斑叶螨寄主广泛，是世界性分布的害螨。

为害特点

以成、幼、若螨在叶背吸食汁液，并结成丝网。初期叶面出现零星褪绿斑点，严重时遍布白色小点，叶面变为灰白色，生长萎缩，全叶干枯脱落，结果期缩短，产量降低。果实被害则呈灰色，品质变劣。

形态特征

成螨：雌螨体长0.43~0.53mm，宽0.31~0.32mm，背面观卵圆形。夏秋活动时期常为砖红或黄绿色，深秋时多变橙红色，滞育过冬。体背两侧各有黑斑1块如正反"E"字形。背毛12对，刚毛状，无臀毛；腹面有基毛6对，基节间毛3对，殖前毛1对，生殖毛2对，肛毛2对和肛后毛2对，共14对。雄螨体长0.36~0.22mm，宽0.19~0.22mm，背面观略呈菱形，淡黄或淡黄绿色，阳具端锤弯向背面，微小，两侧凸起尖利，长度几乎相等。

卵：直径0.12mm，球形，乳白色半透明，3d后转黄色，出现2个红色眼点。

幼螨：足3对，近圆形，初孵时体透明，取食后变暗绿色。

若螨：足3对，静止期绿或墨绿色。

生活习性

二斑叶螨在热带地区年发生20代以上，世代重叠，发生期持续的时间较长，温度高于25℃，种群易扩散。营两性生殖，受精卵发育为雌虫，不受精卵发育为雄虫。每雌可产卵50~110粒，最多可产卵216粒。喜群集叶背主脉附近并吐丝结网于网下为害，大发生或食料不足时常千余头群集于叶端成一团。

防治方法

种苗处理：育苗栽培时，可在移栽前用药剂浸泡种苗根部5~10min，药剂可选用1.8%阿维菌素乳油或40%毒死蜱乳油1 000倍液。

农业防治：收获后清除田间、路边、渠旁杂草及枯枝落叶，耕整土地，减少螨源。合理灌溉和增施磷肥，加强健身栽培，提高抗螨害能力。

生物防治：保护和利用天敌，天敌主要有拟小食螨瓢虫、深点食螨瓢虫、长毛钝绥螨、德氏钝绥螨、异绒螨、塔六点蓟马等，当田间的益害比为1：（10~15）时，一般在6~7d后，害螨将下降90%以上。

药剂防治：加强螨情监测，当点片发生时即进行挑治，药剂可选用1.8%阿维菌素乳油或使用15%哒螨灵乳油，或胶体硫，或0.2~0.3波美度石硫合剂等。初期发现中心螨害株要重点剿灭，并经常更换农药品种，防止产生抗性。需注意避开养蚕期。

A.雌成螨及若螨；B.雄成螨；C.卵

二斑叶螨及其为害状

朱砂叶螨（*Teranychus cinnabarinus* Boisduval）

朱砂叶螨（*Teranychus cinnabarinus* Boisduval）属叶螨科（Tetranychidae）叶螨亚科（Tetranychinae）叶螨属（*Teranychus*）。

寄主及分布

朱砂叶螨是世界性分布的害螨，在寄主叶片背面及嫩梢刺吸汁液，并可吐丝结网，种群密度低时叶片形成褪绿斑点，发生严重时叶片形成褐色斑，变薄并纤维化，生长萎缩，影响光合作用。

为害特点

成、幼、若螨在叶背吸食汁液，并结成丝网。初期叶面出现零星褪绿斑点，严重时遍布白色小点，叶面变为灰白色，全叶干枯脱落，结果期缩短，产量降低。茄果被害则果皮粗糙，呈灰色，品质变劣。

形态特征

成螨：雌螨体长0.42～0.51mm，梨圆形。雄螨体长0.26mm，近菱形。体色一般为红色或锈红色，春夏时期多呈淡黄色或黄绿色。体背两侧有大小不等的长条形的块状色斑，色斑中间色淡，体背长毛排成4列。足4对，无爪，毛较长。

卵：圆球形，直径0.13mm，有光泽。初产时无色透明，后变橙红色，孵化前可见红色眼点。

幼螨：足3对，体长0.15mm，近圆形，初孵时体透明，取食后变暗绿色。

若螨：足4对，比成螨小，体绿色至橙黄色。

生活习性

朱砂叶螨年发生代数随地区和气候而不同，北方一年12～15代，长江流域18～20代，华南可发生20代以上。其活动温度范围在7～42℃，最适温度为25～30℃，最适相对湿度为35%～55%，高温干燥是朱砂叶螨猖獗的气候因素。无滞育期，在温暖干燥的环境下繁殖快，能在叶背拉丝躲藏。

防治方法

种苗处理：育苗栽培时，可在移栽前用药剂浸泡种苗根部5～10min，药剂可选用1.8%阿维菌素乳油或40%毒死蜱乳油1 000倍液。

农业防治：收获后清除田间、路边、渠旁杂草及枯枝落叶，耕整土地，减少螨源。合理灌溉和增施磷肥，加强健身栽培，提高抗螨害能力。

生物防治：保护和利用天敌，天敌主要有拟小食螨瓢虫、深点食螨瓢虫、长毛钝绥螨、德氏钝绥螨、异绒螨、塔六点蓟马等，当田间的益害比为1：（10～15）时，一般在6～7d后，害螨将下降90%以上。

药剂防治：加强螨情监测，当点片发生时即进行挑治，药剂可选用1.8%阿维菌素乳油或使用15%哒螨灵乳油，或胶体硫，或0.2～0.3波美度石硫合剂等。初期发现中心螨害株要重点剿灭，并经常更换农药品种，防止产生抗性。需注意避开养蚕期。

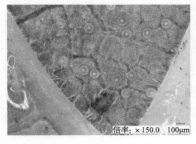  

A   B   C

A. 雌成螨及卵；B. 为害叶片背面症状；C. 为害后叶片正面形成黄褐色斑

朱砂叶螨及其为害状

东方真叶螨（*Eutetranychus orientalis* Klein）

东方真叶螨（*Eutetranychus orientalis* Klein）属叶螨科（Tetranychidae）叶螨亚科（Tetranychinae）真叶螨属（*Eutetranychus*）。

寄主及分布

东方真叶螨寄主多达200多种，包括桑、橡胶树、木薯、苦糠、羊蹄甲、芒果、柑橘、柠檬、木菠萝、麻栋、面盆架子和鸡蛋花等经济林木、果树和花卉的重要害螨。国内主要分布于海南、山东、华北地区。国外主要分布于东部地中海国家、在亚洲从印度到中国以及非洲的大部分地区。

为害特点

以成、幼、若螨在叶片正面及背面吸食汁液。初期叶面出现零星褪绿斑点，严重时遍布白色小点，叶面变为灰白色，全叶干枯脱落。

形态特征

成螨：雌成螨体长0.4~0.5mm，墨绿色，身体呈椭圆形，足约与身体一样长。雄成螨红色，较小，呈三角形，足比身体长。

卵：透明，短圆柱形。

幼螨：足3对。

若螨：足4对。

生活习性

东方真叶螨年发生约20代，世代重叠。雌雄性比约为0.7，雌螨一经蜕皮变为成螨后，随即与提前羽化的雄成螨交配，1~2d开始产卵，产卵历期6~8d，3~5d达到高峰。雌成螨沿着中脉及侧脉产卵，卵在叶脉两侧随机排列。雌成螨产卵后在卵周围不停活动，以口器吐细丝将卵连接于叶面上，颚体在卵边缘和叶面相接处不住摆动，便有一层膜形成，将卵封固，具明显的"护卵"习性，前后需5~8min，但无吐丝结网习性。卵的发育起点温度为10℃，20~30℃为其生长发育的最适宜温度，在高温干旱条件下，繁殖迅速。25℃时，发育需要大约两周，温度高时5d即可完成一代。雌成螨可产卵2~3周，平均每头雌螨可产卵30~40粒。在22.5~27.5℃，雌成螨寿命8~10d，雄成螨寿命4~6d，并随温度的升高而缩短。

防治方法

种苗处理：育苗栽培时，可在移栽前用药剂浸泡种苗根部5~10min，药剂可选用1.8%阿维菌素乳油或40%毒死蜱乳油1 000倍液。

农业防治：收获后清除田间、路边、渠旁杂草及枯枝落叶，耕整土地，减少螨源。合理灌溉和增施磷肥，加强健身栽培，提高抗螨害能力。螨量不大时可喷清水冲洗。

预测预报：防治早期为害是控制后期猖獗的关键，及时检查叶片正面和叶背，发现叶螨在较多叶片为害时，应及早喷药，防治标准是每百叶有10~15头时，即可防治。

生物防治：尼氏真绥螨、加州新小绥螨是东方真叶螨的优势捕食性天敌，可加以保护利用。

药剂防治：用1.8%阿维菌素乳油或使用15%哒螨灵乳油喷雾防治均有较好的防治效果。需注意避开养蚕期。

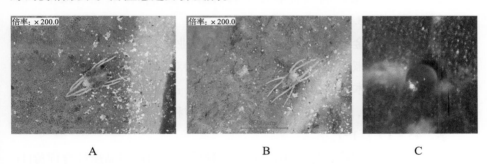

A   B   C

A. 雌成螨；B. 雄成螨；C. 卵

东方真叶螨及其为害状

参考文献

白锡川，杨海江，陆鸿英. 2001. 湖州地区桑螟世代的演变[J]. 中国蚕业，22（2）：66-67.

白学慧，吴贵宏，邵维治，等. 2017. 云南咖啡害虫双条拂粉蚧发生初报[J]. 热带农业科学，37（6）：35-37.

贝建设. 2018. 桑树病虫害非化学农药防治技术[J]. 农业与技术，38（13）：96-98.

蔡及镇. 2010. 沟金针虫发生与防治[J]. 福建农业（2）：20-21.

蔡亲吉. 2013. 辣椒病毒病发生原因及综合防治对策[J]. 蔬菜（1）：34-35.

曾爱国. 1981. 桑木虱的防治[J]. 陕西蚕业（2）：50-51.

曾其伟，何宁佳，向仲怀. 2017. 美国的桑树种植历史与现状[J]. 蚕业科学，43（1）：1-7.

曾卫湘，郑莎，韩冷，等. 2018. 53份桑种质桑叶的药用品质综合评价[J]. 蚕业科学，44（6）：905-915.

柴建萍，江秀均，倪婧，等. 2015. 云南蚕区新入侵桑树害虫双钩巢粉虱的初步鉴定[J]. 蚕业科学，41（4）：603-607.

陈功. 2017. 烟粉虱寄主选择的生态调控机制研究[D]. 长沙：湖南农业大学.

陈世骧，谢蕴. 1959. 中国经济昆虫志（第一册）：鞘翅目天牛科[M]. 北京：科学出版社.

陈顺立，李友恭，黄昌尧. 1989. 双线盗毒蛾的初步研究[J]. 福建林学院学报（1）：1-9.

陈振富. 1992. 异稻缘蝽的发生及防治[J]. 昆虫知识（6）：328-331.

窦文珺，羊绍武，柳青，等. 2019. 我国烟粉虱主要捕食和寄生性天敌控制能力研究进展[J]. 环境昆虫学报（3）：1-17.

杜少平，肖立新. 2018. 桑螟的防治方法[J]. 农家参谋（14）：137.

高宏. 2015-07-02. 华北地区应重防东方真叶螨[N]. 中国花卉报，（A05）.

高淑萍. 2006. 桑梢小蠹虫的发生为害及综合防治[J]. 北方蚕业（4）：47-48.

顾茂彬，陈佩珍，邓玉森，等. 1998. 桉树幼林主要害虫防治技术的研究[J]. 广东林业科技（4）：39-43.

郭磊，黄新意，梁延坡，等. 2018. 海南烟粉虱田间种群隐种鉴定及对溴氰虫酰胺和氟吡呋喃酮的敏感性检测[J]. 昆虫学报，61（2）：209-217.

韩冬银，刘奎，张方平，等. 2009. 螺旋粉虱的生物学特性[J]. 昆虫学报，52（3）：281-289.

何国棠，王廷祥. 2008. 桑螟的发生与防治[J]. 蚕桑茶叶通讯（2）：13.

何美长，瞿俊杰. 1999. 平颏长角象和平行长角象成虫的形态描述[J]. 植物检疫（1）：32-33.

华立中，奈良一，Saemulson G A，等. 2009. 中国天牛彩色图谱[M]. 广州：中山大学出版社.

黄建华，周善义. 2005. 广西星天牛属记述[J]. 广西师范大学学报（自然科学版）（3）：78-81.

黄芊，蒋显斌，凌炎，等. 2018. 广西稻田粘虫及其寄生性天敌昆虫发生种类调查初报[J]. 西南农业学报，31（1）：78-83.

黄同陵. 1988. 五种桑树天牛蛹记要及十种天牛蛹检索（鞘翅目：天牛科）[J]. 西南农业大学学报（3）：261-266.

贾静静，符悦冠，张方平，等. 2019. 尼氏真绥螨对三种橡胶叶螨的控害效能评价[J]. 应用昆虫学报，56（4）：718-727.

江苏省植保植检站. 2019-09-28. 关口前移绿色防控蔬菜田烟粉虱[N]. 江苏农业科技报，（003）.

蒋留芳. 2018. 桑树主要病虫害防治技术[J]. 蚕桑茶叶通讯（4）：14-16.

李法圣. 1976. 中国木虱志[M]. 北京：科学出版社.

李红梅. 2006. 螨次目昆虫的分类与系统发育研究进展[J]. 仲恺农业技术学院学报（4）：62-67.

李杰. 2018. 桑天牛发生规律及综合防治技术[J]. 现代农业科技（9）：156.

李开莉. 2016. 桑螟的危害与防治措施[J]. 四川蚕业，44（3）：38-42.

李松，滕飞，邓昌敏. 2010. 浅谈桑螟虫的发生与防治[J]. 蚕学通讯，30

（4）：47-49.

李伟才，何衍彪，詹儒林，等.2012.广东龙眼害虫双条拂粉蚧发生危害初报[J].广东农业科学，39（6）：152-153.

林延谋，符悦冠，杨光融，等.1995.温度对东方真叶螨的发育与繁殖的影响[J].热带作物学报（1）：94-98.

刘吉平，黄正恩，朱方容，等.2015.海南省发展蚕桑产业的SWOT分析[J].中国蚕业（2）：12-17.

罗志钢.2016.银珠主要害虫小白纹毒蛾形态特征和生活习性观察[J].热带林业，44（2）：47-48.

马万炎.1996.白眼尺蛾生物学初步研究[J].森林病虫通讯（2）：35-37.

缪桂芳，王培生，周家华.1992.桑小枝天牛的观察调查[J].江苏蚕业（1）：58-44.

潘丹丹，刘中现，陆明星，等.2016.扬州地区水稻二化螟寄生蜂种类及主要寄生蜂发生动态[J].环境昆虫学报，38（6）：1 106-1 113.

潘飞，林珠凤，谢圣华，等.2016.螺旋粉虱为害对四季豆产量的影响及其防治指标研究[J].长江蔬菜（14）：64-67.

潘换来，潘小刚，范婷.2018.桑天牛的危害与防治[J].果农之友（6）：42.

钱庭玉.1993.坡天牛属五种蛹记录（鞘翅目：天牛科）[J].昆虫学报（1）：77-80.

钱庭玉.1992.我国坡天牛属五种幼虫记录（鞘翅目：天牛科）[J].昆虫学报（2）：222-226.

钱祥明，洪志英，王卫明，等.1995.桑螟的生物学特性研究[J].蚕业科学，20（1）：50-52.

绕文聪，罗永森，丁文华，等.2006.乐扫防治桑木虱的药效试验[J].广东蚕业（2）：28-30.

沙宇，樊庆铎.2006.桑天牛生活习性及其防治方法[J].安徽林业（2）：41.

佘德松，冯福娟.2011.双目白姬尺蛾生物学特性观察及药剂防治试验[J].广西植保，24（3）：19-21.

申桂艳.2016.桑天牛研究进展[J].防护林科技（11）：79-80.

史小锋，刘小平，杨健.2009.新建苹果园苹斑芜菁的防治[J].西北园艺

（果树专刊）（2）：28-29.

孙锋，陆琳，王军，等. 2018. 谈桑螟危害及综合防治[J]. 江苏蚕业，40
（Z2）：24-25.

唐养璇. 2012. 商州刘塬沟桑木虱发生趋势研究[J]. 陕西林业科技（5）：
108-110.

唐毅. 2007. 西南地区木虱总科区系分类研究（半翅目：胸喙亚目）[D]. 贵
阳：贵州大学.

王洁雯，刘奇志，周成，等. 2014. 我国梨园康氏粉蚧为害特点及防治方法
综述[J]. 中国果树（4）：72-74.

王娜玉，卢芙萍，耿涛，等. 2019. 海南桑螟寄生蜂种类及优势种的寄生特
性研究[J]. 热带作物学报，40（5）：953-959.

王培生，刘传奎，吴健，等. 1991. 利用土耳其扁谷盗控制桑梢小蠹虫的调
查研究[J]. 江苏蚕业（2）：11-15.

王树昌，耿涛，黄华平. 2017. 海南蚕桑[M]. 海口：南海出版公司.

王燕红. 2012. 家蚕对有机磷农药的代谢抗性机制研究[D]. 苏州：苏州大学.

王宇磊，平国标，潘秋波，等. 2015. 2种吊瓜害虫斑角坡天牛和瓜藤天牛
记述[J]. 浙江农业科学，56（3）：362-364.

王泽林. 2010. 桑螟的生活规律及防治措施[J]. 蚕桑茶叶通讯（2）：14-15.

向仲怀，何宁佳，黄先智. 2017. 桑与畜牧业[J]. 草业学报，26（2）：1-9.

向仲怀. 2016. 让蚕桑丝绸在"一带一路"建设中重放异彩[J]. 蚕业科学，
42（1）：1-2.

新井裕，高德三. 1988. 桑木虱的防治[J]. 江苏蚕业（3）：60-62.

徐盼. 2013. 康氏粉蚧生物学和生态学特性研究[D]. 杭州：浙江农林大学.

徐耀先. 1985. 湖北天牛昆虫种类新纪录（二）[J]. 湖北农业科学（12）：
17-18.

佚名. 2018. 巴西科研人员发现合成柑橘木虱性信息素或为黄龙病防治提供
新思路[J]. 农药，57（3）：183.

杨海清，许跃东，朝新明，等. 2011. 康氏粉蚧的发生规律和防治方法[J].
山西果树（3）：49-50.

杨集昆. 1986. 小头木虱属五新种及母生滑头木虱新属种[J]. 武夷科学

（6）：45-57

杨茂发，倪俊强，孟泽洪，等.2009.海南大叶蝉亚科昆虫种类纪要（半翅目：叶蝉科）[J].山地农业生物学报，28（6）：475-484.

伊文博，卜文俊.2017.中国三种稻缘蝽名称订正（半翅目：蛛缘蝽科）[J].环境昆虫学报，39（2）：460-463.

于军香.2003.桑螟寄生性天敌资源及其优势种群的生物学特性研究[D].苏州：苏州大学.

余虹，周勤.2003.浙江省桑螟寄生蜂调查研究[J].蚕业科学（4）：330-334.

张彩萍.2018.桑螟暴发原因分析与防控措施[J].蚕桑通报，49（2）：54-55.

张含藻，薛震夷，张晓波，等.1997.温湿度变化与两种芫菁繁殖的关系[J].中药材（6）：277-278.

张建强.1990.桑螟天敌的种类研究[J].蚕学通讯，10（3）：11-13.

张健，向仲怀.2016.论中国丝绸之路的文化价值[J].蚕业科学，42（5）：910-917.

张俊华，王新国，宋光远，等.2019.进口原木携带方胸小蠹属昆虫的鉴定[J].植物检疫，33（3）：23-28.

张永辉.2009.桑螟食叶量测定及其防治指标的研究[J].江苏蚕业，31（4）：9-12.

赵冬香，卢芙萍.2008.海南岛杧果害虫无公害防治原色图谱[M].北京：中国农业出版社.

赵叙华，白锡川，施国方.2013.桑螟发生规律及防治技术的研究进展[J].蚕桑通报，44（3）：5-10.

智伏英，黄芳，黄俊，等.2018.石蒜绵粉蚧生物学特性[J].昆虫学报，61（7）：871-876.

中国科学院动物研究所，浙江农业大学，华南农业大学，等.1980.天敌昆虫图册[M].北京：科学出版社.

中国科学院中国动物志编辑委员会.1994.中国动物志昆虫纲（第四卷）直翅目蝗总科 癞蝗科 瘤锥蝗科 锥头蝗科[M].北京：科学技术出版社.

中国科学院中国动物志编辑委员会，中国科学院中国动物志编辑委员会.2006.中国动物志昆虫纲第四十三卷直翅目蝗总科斑腿蝗科[M].北京：

科学技术出版社.

钟宝珠，吕朝军，马子龙，等. 2009. 螺旋粉虱发生及综合防治研究进展[J]. 亚热带农业研究，5（3）：173-175.

周成刚，张卫光，乔鲁芹，等. 2006. 东方真叶螨的生物学特性、有效积温及发生规律[J]. 林业科学（5）：89-93.

朱文炳. 1990. 四川农业害虫天敌图册[M]. 成都：四川科学技术出版社.

朱文静，韩冬银，张方平，等. 2010. 外来害虫双钩巢粉虱在海南的发生及温度对其发育的影响[J]. 昆虫知识，47（6）：1 134-1 140.

祝汝佐. 1952. 中国的桑虫[J]. 上海：永祥印书馆.

祖国浩，杨泽宁，薛昊，等. 2019. 寄生双条拂粉蚧的刻顶跳小蜂属（Aenasius）（膜翅目：跳小蜂科）中国新记录[J]. 东北林业大学学报（9）：111-112.

Crawford D L. 1920. The psyllidae of borneo[J]. The Philippine journal of science，17（4）：353-359.

Das G P. 1990. Biology of *Dasychira mendosa* Hübner（Lymantriidae：Lepidoptera）polyphagous pest in Bangladesh[J]. Bangladesh Journal of Zoology，18（2）：147-156.

Herting B，Simmonds F J A. 1975. Catalogue of parasites and predators of terrestrial arthropods[M]. England：Common wealth Agricultural Bureaux Farnham Royal.

Kuwayama and Satoru. 1931. A Revision of the Psyllidae of Taiwan [J]. Insecta matsumurana，5（3）：117-133.

Liao Y，Yang M. 2018. First record of the mulberry psyllid *Anomoneura mori* Schwarz（Hemiptera：Psylloidea：Psyllidae）from Taiwan[J]. Journal of Asia-pacific Entomology，21（2）：603-608.

Mifsud D and Burckhardt D. 2002. Taxonomy and phylogeny of the old world jumping plant-louse genus *Paurocephala*（Insecta，Hemiptera，Psylloidea）[J]. Journal of natural history，36：1 887-1 986.

Nath P. 1966. Varietal resistance of gourds to the fruit fly[J]. Indian Journal of Horticulture，23：69-78.

Rincón Ricardo A, Rodríguez Daniel, Coy-Barrera Ericsson. 2019. Botanicals Against *Tetranychus urticae* Koch Under Laboratory Conditions: A Survey of Alternatives for Controlling Pest Mites[J]. Plants (Basel, Switzerland), 8 (8): 272.

Sanaa NA, John N G, Mike S F. 2018. Natural enemy composition rather than richness determines pest suppression[J]. BioControl, 63 (4): 575–584.

Somnath Roy, Soma Das, Gautam Handique, et al.2017. Ecology and management of the black inch worm, *Hyposidra talaca* Walker (Geometridae: Lepidoptera) infesting *Camellia sinensis* (Theaceae): A review[J]. Journal of Integrative Agriculture, 16 (10): 2 115–2 127.

Tin Moe Khaing, Jae-Kyoung Shim, Kyeong-Yeoll Lee. 2015. Molecular identifification of four P anonychus species (Acari: Tetranychidae) in Korea, including new records of *P. caglei* and *P. mori*[J]. Entomological Research, 45 (6): 345–353.

Toyomi Kotaki. 1998. Age-dependent change in effects of chilling on diapause termination in the brown-winged green bug, *Plautia crossota* stali Scott (Heteroptera: Pentatomidae) [J]. Entomological Science, 1 (4): 485–489.